新智信息前沿丛书　　主编　桂卫华

低代码+AI

人工智能时代软件开发新范式

LOW CODE + AI: A NEW PARADIGM FOR SOFTWARE DEVELOPMENT IN THE ERA OF ARTIFICIAL INTELLIGENCE

夏莹杰　邝　砾　江伟维
李赞赞　李　浩　姚　佳　著

ZHEJIANG UNIVERSITY PRESS
浙江大学出版社
·杭州·

图书在版编目(CIP)数据

低代码+AI：人工智能时代软件开发新范式 / 夏莹杰等著. -- 杭州：浙江大学出版社，2024. 12.

ISBN 978-7-308-25735-0

Ⅰ. TP311.52

中国国家版本馆 CIP 数据核字第 2024JT7477 号

低代码+AI：人工智能时代软件开发新范式

夏莹杰　邝　砾　江伟维　李赞赞　李　浩　姚　佳　著

策　　划　金佩雯
责任编辑　陈　宇　潘晶晶
责任校对　叶思源　王怡菊
封面设计　浙信文化
出版发行　浙江大学出版社
（杭州市天目山路 148 号　邮政编码 310007）
（网址：http://www.zjupress.com）
排　　版　杭州星云光电图文制作有限公司
印　　刷　杭州宏雅印刷有限公司
开　　本　710mm×1000mm　1/16
印　　张　12.75
字　　数　240 千
版 印 次　2024 年 12 月第 1 版　2024 年 12 月第 1 次印刷
书　　号　ISBN 978-7-308-25735-0
定　　价　78.00 元

浙江大学出版社市场运营中心联系方式：0571-88925591；http://zjdxcbs.tmall.com

总 序

进入21世纪以来，全球科技创新进入空前密集活跃的时期，新一轮科技革命和产业变革正在重构全球创新版图、重塑全球经济结构。以人工智能、量子信息、移动通信、物联网、区块链为代表的新一代信息技术加速突破应用，融合机器人、数字化、新材料的先进制造技术正在加速推进制造业向智能化、服务化、绿色化转型。世界正在进入以信息产业为主导的经济发展时期。我们要把握数字化、网络化、智能化融合发展的契机，以信息化、智能化为杠杆培育新动能。要突出先导性和支柱性，优先培育和大力发展一批战略性新兴产业集群，构建产业体系新支柱。要推进互联网、大数据、人工智能同实体经济深度融合，做大做强数字经济。要紧紧把握住信息科学与人工智能，推动信息化与工业化“两化”融合发展，有效地应对人工智能带来的各种风险与挑战，为国民经济“保增长、扩内需、调结构”做贡献。

瞄准信息科学的前沿方向，可加快产生原创性、突破性的重大科研成果，推进它们与多个行业深度融合，加速前沿研究向现实生产力转化，推动产业智能化升级和颠覆式技术创新，构筑起未来新的增长极。

科技创新能够催生新产业、新模式、新动能，是发展新质生产力的核心要素。“新智信息前沿”丛书，以“信息赋能加速数字化转型，人工智能支撑数智中国建设”为主要思路，旨在加速促进信息科学与各领域深度耦合，将信息学科的前沿研究和国家对信息科技的需求相结合，力争取得对促进信息产业与经济社会可持续发展、维护国家安全具有明显作用并且在国际上产生重要影响的成果，支撑我国重大战略领域科学研究，为2035年建成科技强国的战略目标、加强顶层设计和统筹谋划、加快实现高水平科技自立自强提供科技保障和核心竞争力。

丛书内容聚焦我国信息领域的创新关键核心问题与研究热点，主要有以下几个特点。

突出原创，聚焦前沿。丛书呈现了一批充分反映我国信息领域专家的高水平原创学术成果的精品著作。作者多为活跃在科研一线的青年科学家，他们积极投身于祖国科技事业，思维活跃且具创造力，有力推动了我国科学研究的高质量发展，是科研界的新生力量。内容由信息领域热门、前沿的课题成果凝练形成，涉及控制理论与控制工程、自动化系统、计算机科学、网络与信息安全、智能无人系统、人工智能等方向，具体包括复杂网络理论与智能化软件分析、动态图智能表示学习、群体智能隐私保护、计算机视觉感知与认知等，凝结了各领域专家长期致力于国家未来智慧社会发展和国家信息科技发展的智慧与心血。

学科交叉，合作创新。研究的成功通常需要深度的学科交叉与广泛的合作创新，信息学是一门广泛且快速发展的学科，涵盖基础理论到应用技术的多个层面，许多科学问题往往涉及多个学科领域，只有将信息学多个方向以及信息学与其他多学科充分交叉融合，才能更全面、深入地理解和解决复杂的科技难题。丛书通过不同高校、科研院所和企业团队的协同努力，充分利用各方专长，加深领域内原创性科学思想的沟通与交流，提供更多的创新发展机会，发挥信息科学“服务企业、服务经济、服务社会”的良好作用。

“软硬”结合，集成创新。“软硬”结合是实现系统整体功能的关键，涉及软件和硬件的设计、开发、测试、部署、维护等多个环节。随着技术的发展，“软硬”结合朝着更加紧密的协同和融合方向发展，特别是在人工智能与信息领域，“软硬”结合的重要性尤为突出。书中提出的国内外研究对比，部署情况，发展目标、策略及建议合理且具可操作性，相信同领域学者在阅读后会有很多新的启发与收获，能够激发大家提出更多的思考与独到的见解。

“新智信息前沿”丛书是具有较高学术价值的信息发展研究文献，希望丛书的出版能够为我国信息科学的发展添砖加瓦。感谢各位专家与科技工作者对丛书出版的大力支持。

中国工程院院士

2024 年 11 月于长沙

前 言

在当今快速发展的数字时代，技术的进步和创新不断改变着人们的生活方式与工作方式。低代码开发平台和人工智能(Artificial Intelligence，AI)作为两个热门的技术领域，正逐渐成为推动数字化转型和应用开发的关键驱动力。

低代码开发平台是一种以可视化建模和简化开发流程为特点的应用开发工具，它提供了一种简单、快速构建应用程序的方法，开发人员不需要具备深厚的编程知识，仅需通过拖拽和配置的方式便能快速搭建应用的前端界面、后端逻辑和数据模型。低代码开发平台的出现极大地降低了应用的开发门槛，提高了开发效率，加速了交付速度。

人工智能致力于模拟、延伸和扩展人类智能，它通过模拟人类的思维和学习能力，使计算机能够自主地处理和分析复杂数据、识别图像、理解自然语言、做出决策等。近年来，人工智能技术取得了巨大的突破，包括自然语言处理、计算机视觉、机器学习等，为各行各业带来了许多创新应用和商业机会。

本书的目的是将这两个领域的研究成果结合起来，为读者提供一个全新的视角和实践指南。我们相信，低代码与人工智能的结合将带来无限的创新和机遇。通过低代码开发平台，我们能以更快的速度构建应用程序，而人工智能技术则赋予这些应用智能化的能力。这种结合将推动应用开发的边界，为我们带来更多可能性。

本书将系统地介绍低代码开发平台和人工智能技术的基本概念、原理与应用，以及低代码＋AI模式的相关知识，通过对这些领域进行深入的探讨，让读者全面了解低代码＋AI模式的基础知识和核心概念，为实际应用开发提供有力的支持。同时，本书提供了一些案例来介绍低代码＋AI模式在不同领域可能实现的应用实践。通过这些案例，读者可以了解低代码＋AI模式在各个行业的具体应用场景、解决方案和应用效果，为应用开发工作提供借鉴和启示。

此外，本书还对低代码＋AI模式的发展前景和趋势进行了展望，探讨了该模式在技术、商业和社会层面产生的影响，以及其发展方向和可能性，使读者能够更好地把握低代码＋AI模式的发展机遇，为自己的职业规划和技术创新提供指导。

本书的主要内容涵盖低代码开发平台和人工智能技术的基础知识、低代码＋AI

模式的应用案例和实践经验以及该模式的发展前景与展望。具体章节安排如下。

第1章介绍低代码开发平台和人工智能的基本概念与发展历程。该章探讨低代码开发平台的定义、特点和优势以及人工智能技术的基本原理与应用领域,重点讨论低代码+AI模式的概念和应用前景,帮助读者了解低代码结合人工智能对应用开发的影响和意义。

第2章介绍低代码开发平台和人工智能技术。该章深入探讨低代码开发平台的基本构成和工作原理,以及人工智能技术的基本概念与应用方法,讨论如何将低代码和人工智能相结合,通过人工智能技术来增强低代码应用的智能化能力。该章将为读者打下扎实的理论基础,为后续章节的内容提供理论支持。

第3章介绍如何利用人工智能技术加速低代码应用的开发。该章探讨利用人工智能技术来辅助应用的需求分析、界面设计、业务逻辑建模等开发环节,提高应用的开发效率和质量。该章还会分享一些实际案例,展示人工智能加速低代码应用开发的具体方法和效果。

第4章介绍利用人工智能技术赋能低代码应用的测试过程。该章探讨利用人工智能技术来进行自动化测试的用例生成、执行和评估,提高测试效率和覆盖范围。该章还会分享一些实际案例,展示人工智能技术赋能低代码应用测试的具体方法和效果,并讨论人工智能在缺陷检测和性能优化方面的应用。

第5章介绍利用人工智能技术赋能低代码应用的运维过程。该章探讨利用AI技术来监测应用的运行状态、自动化故障排查和修复、优化资源调度等运维任务,从而提高应用的可靠性和性能。

第6章介绍如何将人工智能模块集成到低代码应用中,以增强应用的智能化能力。该章探讨如何利用低代码开发平台的集成能力和人工智能技术的开放接口,将各种AI模块无缝集成到应用中,以实现自然语言处理、图像识别、推荐系统等功能。

第7章对低代码+AI模式的前景进行总结和展望。该章探讨低代码+AI模式在技术、商业和社会层面产生的影响,以及其发展方向与可能性。该章还会分享一些专家的观点和预测,帮助读者更好地把握低代码+AI模式的发展机遇。

我们希望通过这样的章节布局和内容安排,让读者全面了解低代码+AI模式的基础知识、应用方法和未来发展趋势,为之后的实际应用开发提供指导和帮助。全书由杭州电子科技大学/浙江大学夏莹杰教授构思和统稿,夏莹杰教授和中南大学邝砾教授合作撰写第1章、第6章和第7章,江伟维、李赞赞、李浩和姚佳分别撰写第2章至第5章。整本书的撰写工作得到湖南省重点研发计划项目"大模型驱动的工具增强代码生成关键技术研究"(2024JK2006)支持。

最后,我们相信,每位读者都可以成为低代码+AI的创造者和实践者,为所在的领域带来创新和变革。让我们一起探索低代码+AI的魅力,开启创新的旅程!

目　录

第1章　低代码开发平台和人工智能简介

本章介绍"低代码＋人工智能(Artificial Intelligence，AI)"模式中的两个技术领域概念：低代码开发平台和人工智能。首先介绍低代码开发平台的概念、应用场景与核心特性，揭示其在简化应用开发过程、提高生产效率方面的卓越价值；然后介绍人工智能的基本概念、历史与相关研究方向，同时还将简要介绍当前最为热门的研究方向——大语言模型(Large Language Model，LLM)；最后探讨如何将低代码开发平台与人工智能融合，创造出更为强大、智能的应用开发模式，为企业提供创新性的解决方案。通过介绍这些关键概念，本章将为读者揭示低代码开发平台和人工智能在当今数字化时代中的核心地位，以及它们潜在的协同效应，为读者构建全面的低代码＋AI认知框架。

1.1　低代码开发平台简介

21世纪初，数字化浪潮席卷而来，企业运营变得错综复杂，各业务单元交织在一起，数据流通频率达到了前所未有的速度。但这些新机遇伴随着巨大的挑战，如市场环境瞬息万变，企业需要具备高速响应的能力来应对持续演变的需求等。在此背景下，企业的信息技术(Information Technology，IT)系统和业务系统不仅需要承受不断升级的环境压力，还需要迅速适应变化，提供预测和预防机制，从而应对不断涌现的动态需求。

这说明，速度已成为企业数字化和IT系统转型的核心属性。企业为了能快速提高对市场需求的适应能力，必须依靠计算机科学的创新，实现高效的软件构建，减少传统手工编程的烦琐工作，同时鼓励业务人员和专业开发人员更加深入地参与其中。低代码开发平台在此背景下应运而生，它被视为推动软件快速开发和自动化的革命性工具，能够满足企业快速发展的需求和提高数字化转型的灵活性。

在数字化时代,企业迎来了前所未有的机遇,低代码技术成为加速数字化转型的关键。低代码开发平台不仅提高了软件开发的效率,还使业务人员能更灵活地应对变化和需求。未来,数字化充满了无限的可能性,低代码技术将为企业带来更多机会,使其走在市场的前沿。

1.1.1 低代码的前世今生

为了不混淆低代码领域的 No-Code(无代码)与 Low-Code(低代码)概念,在此对 No-Code 与 Low-Code 的概念进行说明。No-Code 和 Low-Code 是两种新的软件开发解决方法,它们都可以作为传统软件开发的替代方法。这两种方法旨在帮助企业应对超级自动化和 IT 现代化的需求,以及当前开发人员技能短缺的问题。

低代码是一种快速应用程序开发(Rapid Application Development,RAD)方法,可通过可视化构建块(如拖放和下拉菜单界面)实现自动代码生成,封装度和灵活度适中(见图 1.1)。这种自动化使得低代码用户可以专注于软件中的业务功能实现,而不是烦琐的代码编写。低代码是手动编码和无代码之间的平衡点,用户可以在自动生成的代码上添加代码。低代码开发适用于业务流程管理平台、网站和移动应用程序开发、与外部插件和基于云的下一代技术(如机器学习库、机器人流程自动化和传统应用现代化)集成等。无代码也是一种快速应用程序开发方

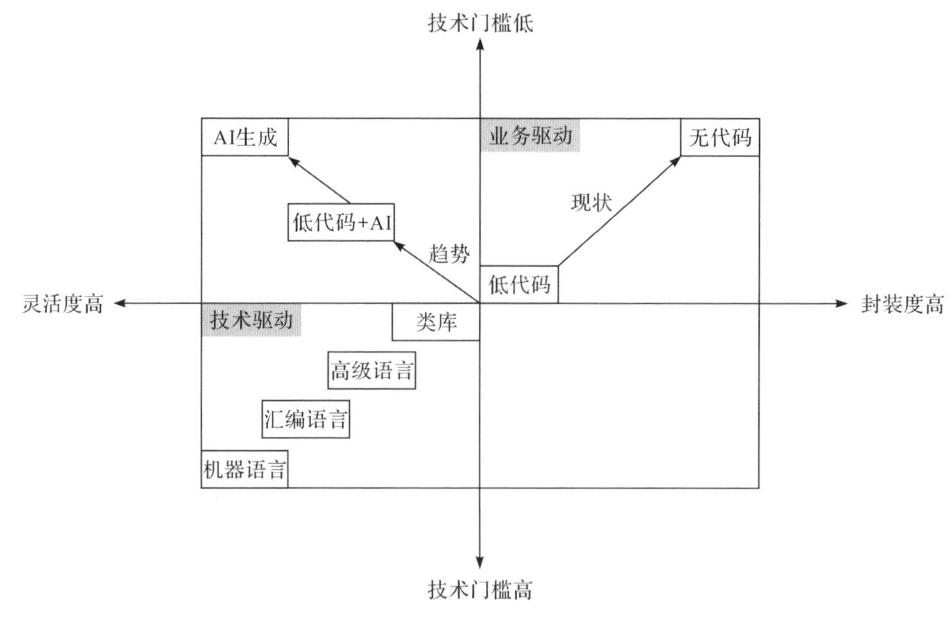

图 1.1 低代码的封装度与灵活度

法，通常被视为模块化即插即用低代码方法的子集，封装度高、灵活度低。与低代码不同，无代码不需要开发人员进行脚本编写或手动编码，完全依赖于可视化工具。适合无代码的开发应用包括面向业务用户的自助应用、仪表板、移动和网页（Web）应用程序、内容管理平台和数据管道构建工具。无代码适用于快速构建独立应用程序、简单用户界面（User Interface，UI）和简单自动化的场景，如日历计划工具、设施管理工具以及具有可配置列和过滤器的智能商务（Business Intelligence，BI）报告应用等。

无论是低代码还是无代码，都旨在减少传统源代码编写的需求，通过可视化建模和自动生成代码来加速应用程序的开发过程。下文将这两个概念统一用“低代码”一词概括。

回顾低代码的发展历程，它的发展历程并不短暂，而是源于多个技术和方法的不断演进。低代码开发平台经历了萌芽、发展和成熟三个阶段，如图1.2所示。

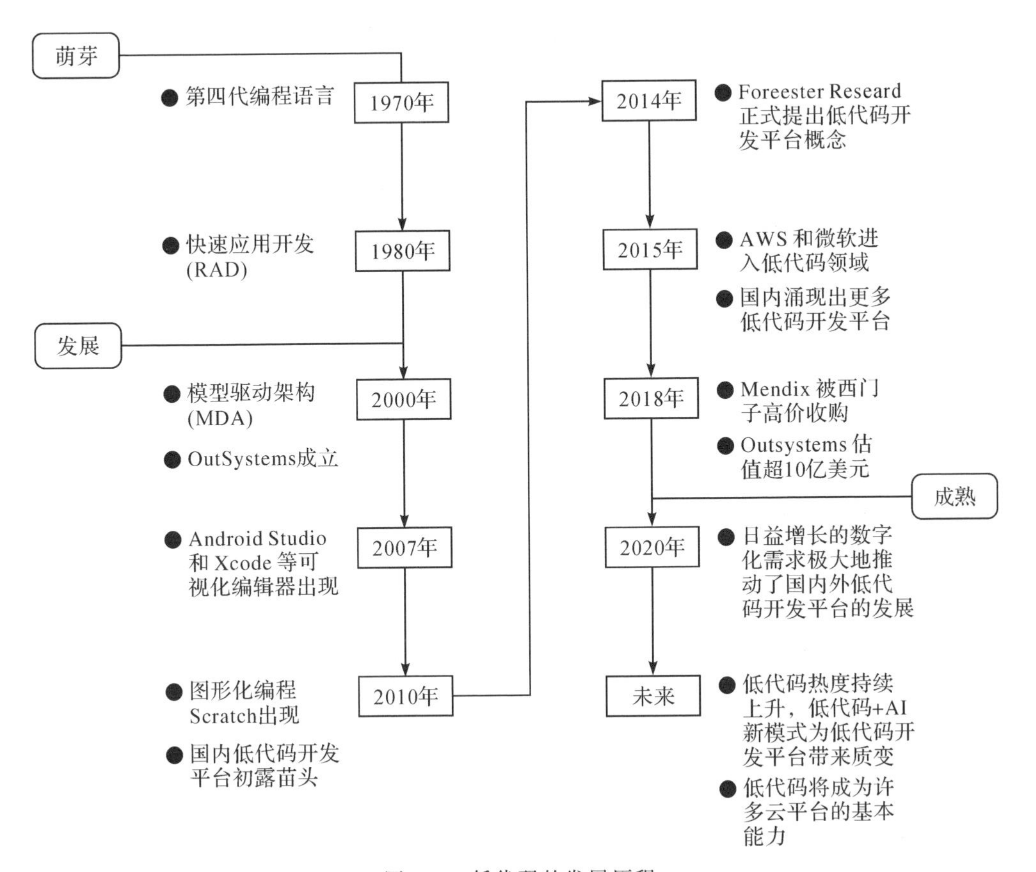

图1.2 低代码的发展历程

(1)萌芽阶段

20 世纪 70 年代至 90 年代,第四代编程语言(4GL)开始流行,它们相较于第三代编程语言(3GL)更为高级,允许开发者用更少的代码完成更多的任务。第三代编程语言的局限性显而易见,它们无法提供对分布式计算的本地支持、业务逻辑的直接表达、大数据处理、人机交互界面以及图形符号表达逻辑等重要功能。第四代编程语言的兴起为开发领域带来了显著的变革,它们引入了组件和容器概念,支持软件的分布式部署,引入了持久化数据结构体,并提供对这类数据的语言级别支持。

1990 年左右,随着 Visual Basic、Delphi 和 Oracle Forms 等可视化编程工具的涌现,RAD 方法开始在开发界迅速流行。RAD 方法是一种以最小幅度的规划快速完成软件原型的软件开发方法,其核心理念是用户应该首先关注图形用户界面(Graphical User Interface,GUI),然后逐步添加业务逻辑。这些工具允许开发者通过拖放组件的方式创建应用程序,大大提高了开发效率。

2001 年,对象管理组织(Object Management Group,OMG)推出了模型驱动架构(Model Driven Architecture,MDA)。MDA 作为一种软件设计方法,提供了一组指导方针,用于规范构建软件并将其转化表示为模型。这些模型支持整体域的视图,在综合考虑技术和业务需求后,可将它们转换为可执行代码。这一方法的引入进一步推动了模型驱动软件开发(Model-Driven Software Development,MDSD),许多开发者开始积极探索并使用统一建模语言(Unified Modeling Language,UML)和业务流程建模符号(Business Process Modeling Notation,BPMN)等工具来加速应用开发。进入 21 世纪后,移动应用程序开发发展成一个重要的领域。随着苹果公司于 2007 年进入移动设备市场,以及安卓(Android)系统的问世,各种移动平台应运而生。开发者积极使用可视化编辑器(如 Android Studio 和 Xcode)在本地开发 Android 和 iOS 应用程序,这使得移动应用程序开发变得更加便捷和可行。同年,OutSystems 成立,这是低代码开发平台领域的一个重要里程碑。OutSystems 是低代码开发概念的先驱之一,它的使命正是通过创新软件开发方法来帮助企业更快速地构建和交付应用程序。

在这一阶段,低代码尚未被定义,主要由软件的可视化需求推动其发展,但低代码概念已经初见雏形。

(2)发展阶段

2014 年,低代码这一概念正式由 Forrester Research(弗雷斯特研究公司)提出,从此低代码开发平台正式诞生。Forrester Research 在其报告中这样定义低代码：低代码开发平台能够实现业务应用的快速交付，其目标是将尽可能多的开发概念整合到一个平台上，从而使编写代码变得不必要或显著减少。这意味着低代码开发平台不仅仅是一个能够开发应用的平台，更是一个使开发应用变得更快捷、更高效的平台。根据 Forrester Research 的研究，低代码开发平台使大多数公司的开发效率提高了 5～10 倍。

在 Forrester Research 的定义中，低代码开发平台被称为企业级低代码应用平台（Low-Code Application Platform，LCAP），它支持快速应用开发，可使用陈述性、高级的编程抽象（如基于模型驱动和元数据编程语言）实现一站式应用部署、执行和管理的应用平台。与传统应用平台不同的是，低代码开发平台支持用户界面、业务逻辑和数据服务的开发，尽管牺牲了一定的开放性和灵活性，但极大地提高了生产效率和应用开发效率。

在低代码开发平台中，开发者不再需要频繁地编写大量代码，而是可以利用可视化编排工具（如界面设计器、逻辑编辑器、对象建模器和流程设计器等），通过拖放、参数配置等方式完成开发工作。这种方法不仅降低了在软件全生命周期中的投入成本，还大幅降低了开发人员的使用门槛，使非专业开发者也能够快速上手，充分发挥了他们的潜力。这一方式不仅能够更高效地完成开发工作，还能够降低不确定性和复杂性，从而提高开发效率。

在这一阶段，低代码的概念被正式提出，这为低代码在软件开发领域正式分得了一块地盘，使得越来越多的低代码厂商可以扎根生长，越来越多的低代码技术可以不断推陈出新。

(3)成熟阶段

2020 年，新冠疫情暴发，这一全球性的危机不仅对人类的生命安全构成了威胁，还给商业界带来了前所未有的挑战。在这场危机面前，许多企业不得不重新审视自己的数字化转型需求，并将其提上日程。为了保持业务的正常运转，满足员工和客户的需求，企业家们不得不迅速行动，采取积极的措施应对。只有快速构建新的应用或迅速升级迭代现有的应用程序，才能应对这场突如其来的数字化挑战。这种迫切需要适应了新的数字化环境的压力，推动了低代码开发平台的崛起。低代码开发平台因其快速应用开发的优势而备受瞩目，成为企业在短时间内适应变化并满足不断增长需求的一个得力工具。

得益于企业日益增长的数字化需求，低代码技术趋于成熟，市场也不断扩大，生命力愈发旺盛。

自“十四五”规划（国民经济和社会发展第十四个五年规划纲要）实施以来，数字经济和数字化转型的相关政策频繁出台,这为数字技术与实体经济的进一步融合以及企业的数字化转型提供了政策支持。同时,经济环境和市场环境的快速变化使企业逐渐认识到数字技术在赋能转型升级和降本提效方面的重要价值。低代码开发平台大幅提升了应用开发效率,正逐步成为各类企业数字化转型过程中的重要选择。各行业对低代码的需求也不断增加,市场规模持续扩大。

数字化转型、新冠疫情、经济复苏等多重推动因素共同驱动着低代码市场的快速增长。亿欧智库发布的《2023 年低代码商业落地研究报告》表明[1],2021 年中国低代码市场规模实现了显著增长,达到了 37 亿元;2022 年,市场规模达到了 61 亿元,如图 1.3 所示。随着低代码技术的日益成熟和行业经验的不断积累,2025 年,将有越来越多的应用场景被不断探索和应用。低代码市场规模有望达到 267.7亿元,并将保持年复合增长率高达 63.7%的快速增长。这一发展趋势清晰地表明,低代码开发方法将在满足企业需求和推动数字化转型方面发挥越来越重要的作用。

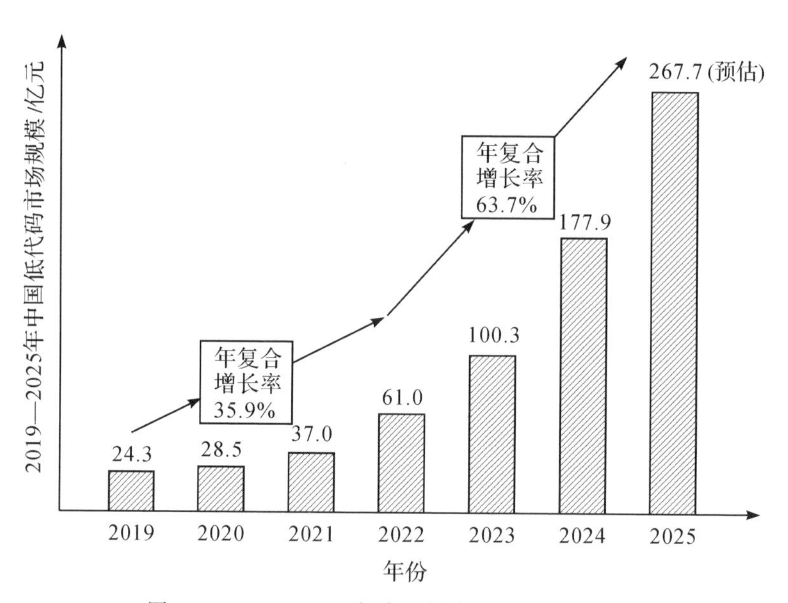

图 1.3　2019—2025 年中国低代码市场规模走势

这一庞大市场的崛起引发了国内外知名低代码开发平台的广泛关注。在低代码领域,各大平台纷纷推出创新解决方案,吸引了越来越多的企业和开发者。这些平台提供了直观且高效的工具,使业务人员和开发者能够快速创建应用程序。

随着市场需求的不断变化，国内外的低代码开发平台还在不断丰富其功能，以满足各行各业的需求。它们支持多种应用场景，包括企业资源规划、客户关系管理、人力资源管理、供应链优化等，为企业提供了灵活的解决方案。这些平台的不断创新和发展使企业能够更好地适应快速变化的市场需求，实现数字化转型，并在竞争激烈的市场中脱颖而出。

1.1.2 知名低代码开发平台

(1)国外知名低代码开发平台

①Microsoft Power Platform

Microsoft Power Platform 是微软公司的低代码应用平台，它由 Power BI、Power Apps、Power Automate 和 Power Virtual Agent 四个产品组成。这些产品允许用户使用最少的代码创建应用程序，以便轻松地操作、显示、自动化和分析数据。Power Platform 可以与 Office 365 和 Dynamics 365 一起使用，以扩展现有 CRM(客户关系管理)和 ERP(企业资源计划)服务的功能与适用场景，它植根于微软智能云，以 Microsoft Azure 为基础，无缝衔接数据库、人工智能、DevOps 等云服务。

②OutSystems

OutSystems 提供了一套强大的低代码开发工具，使业务用户和开发人员能够轻松构建与定制应用程序，无需深入了解编程知识，并且它具有可视化开发界面，支持拖放式设计和预构建组件，有助于加速应用程序开发。OutSystems 包括以下几个主要功能。

• 模型驱动的开发(Model-Driven Development)：通过可视化建模和自动生成代码，简化开发流程。

• 多通道开发(Multi-Channel Development)：支持构建适用于 Web、移动设备和桌面的应用程序。

• 集成能力(Integration Capabilities)：轻松集成多个数据源和第三方服务，以实现强大的功能。

• 安全性和合规性(Security and Compliance)：提供强大的安全性控制和合规性功能，以确保对数据的保护。

OutSystems 作为老牌低代码开发先驱，它的客户包括全球范围内的许多知名企业，如迪士尼、摩托罗拉、Schneider Electric、英国国家健康服务体系(NHS)等。这些客户使用 OutSystems 来快速构建创新应用、提升数字化能力、优化业务流程等。

③Mendix

Mendix 也是低代码行业中的领导者之一。该平台不断提升其低代码开发水平,专注于企业应用开发,主要服务于大中型企业。Mendix 提供了模型驱动的编辑界面和自动化流程,旨在减少代码编写的工作量,使业务人员能够通过可视化组件积极参与应用程序的开发过程,与专业程序员共同打造企业级应用。

Mendix 还提供了一系列企业解决方案与模板,同时也支持自定义和组件开发。根据不同的应用和业务类型,Mendix 会智能推荐相关的模板和组件,加速应用程序的开发。Mendix 还实现了应用部署的自动化,提高了其在低代码市场中的竞争力。正因如此,Mendix 在低代码开发领域备受市场认可,被多个研究机构和分析公司列为行业领导者或受到高度评价的低代码开发平台提供商。

(2)国内知名低代码开发平台

①宜搭

宜搭是阿里巴巴集团自研的低代码应用构建平台,旨在为企业提供一种更快速、更高效、更灵活的开发方式,帮助企业快速响应业务需求,提高开发效率和降低成本。它于 2019 年 3 月正式上线,经过不断升级和完善,目前已经广泛应用于各种企业。

宜搭能够满足不同行业的需求,支持私有化部署,不仅方便了开发人员,还节约了开发成本。以下是该平台的主要特点。

- 低代码开发:宜搭采用低代码开发方式,用户可以通过拖放和配置的方式快速构建应用程序,无需编写烦琐的代码。这大大提高了开发效率,降低了开发门槛。
- 可视化界面:宜搭提供可视化界面,用户可以通过拖放的方式编辑和配置页面、表单和流程,非常直观和便捷。
- 丰富的模板:宜搭提供丰富的行业模板,可覆盖多个行业领域,如企业管理、金融服务、物流运输等。这些模板都经过精心的设计和开发,符合行业标准,能够满足大部分企业的需求。
- 高度可定制:虽然宜搭提供了丰富的模板和模块,但用户仍可以根据自己的需求进行模块定制,实现个性化的业务流程和功能。
- 数据控制能力强:相较于一些软件即服务(Software as a Service,SaaS)平台,宜搭采用了非 SaaS 结构,这样用户对数据就有了较高的控制权和灵活度。用户可以自由选择数据库类型,完全拥有数据库的权限。
- 集成钉钉:宜搭深度绑定钉钉平台,实现了数据中台的部分功能建设。

这使用户可以更好地利用钉钉的功能和宜搭的低代码优势，快速构建和部署应用程序。

- 多类型页面创建：宜搭支持多类型页面创建，包括但不限于表单、列表、报表等。这使用户可以根据自己的需求创建多种类型的页面，满足不同的业务需求。
- 流程引擎：宜搭内置了流程引擎，用户可以根据自己的需求设计工作流程，实现业务流程的自动化和规范化。
- 开放应用程序编程接口（Application Programming Interface，API）：宜搭提供了开放的API，用户可以根据自己的需求进行二次开发和扩展，实现与其他系统的集成和互通。

②数帆

数帆是网易推出的低代码业务战略平台，旨在为企业数字化转型提供“加速器”。它以智能大语言模型和全栈低代码为核心，延续低门槛、高上限特色，实现开发、测试、运维等软件生产全链路的智能化。

数帆作为国内领先的低代码厂商，技术实力得到了中国信息通信研究院、中国通信标准化协会等业界权威机构的肯定与认可。随着企业数字化转型进程的不断深入，数帆在低代码领域持续领跑，助力企业高质量发展。数帆低代码开发平台有以下特点。

- 低代码开发：数帆通过图形化界面、可视化建模等手段，使开发者只需编写少量代码甚至是零代码就可快速创建软件应用。这降低了开发准入门槛，提高了开发效率，让非专业人员也能参与开发过程。
- 智能大语言模型和全栈低代码：数帆以智能大语言模型和全栈低代码为核心，利用人工智能技术实现开发、测试、运维等软件生产全链路的智能化。数帆能够自动进行应用程序的开发、测试和部署，大大提高了开发效率。
- 统一前后端开发语言：数帆统一了前后端开发语言，抹平了编程语言差异，让非专业的人员也能参与开发，大幅降低了开发门槛。
- 灵活的应用场景：数帆不局限于研发应用软件，任何通过可视化交互来完成的方式都属于其研发范畴。它广泛应用于各行各业，帮助企业快速构建和部署应用程序，提高业务响应速度，降低研发成本。
- 强大的技术生态支持：数帆作为一家专业的低代码开发平台提供商，拥有强大的技术生态支持，用户可以获得及时的技术服务和更新，同时享受到网易云等一系列云服务的支持。

③捷码

捷码是一款专注于人工智能物联网(Artificial Intelligence of Thing,AIoT)多场景应用的低代码开发平台,它内置了丰富的组件,允许开发者开发大屏可视化、三维数字孪生、地理信息系统(GIS)应用、表单流程等多种形式的软件应用,是一个全技术链通用型的低代码开发平台。

捷码低代码开发平台的核心优势如下。

• 降本增效,助力10倍速开发:支持全码、低码、零码、AI生成,通过模板、组件等快速实现各类需求。

• 覆盖软件开发的前后端:覆盖前端展现、后端业务、表单流程和各种小程序等,全方位降本增效。

• 自主产权,全面适配国产化:自主可控、稳定高效,全面适配国产操作系统和主流数据库等。

• 数据从接入到展现全流程贯通:从数据接入到存储、处理、应用、展现,全过程赋能。

• 无需设计经验或技术背景:开发者通过拖放组件等可视化编辑交互的方式即可完成前端页面搭建。

1.1.3 低代码的应用场景

从应用类型的角度来审视这些低代码开发平台可以发现,它们在不同行业中有着广泛的应用场景,这一技术已经渗透到制造业、金融、医疗、房地产、零售、餐饮、航空等多个领域。可以根据场景的类型和复杂程度,将低代码应用大致分为以下四类。

(1)通用型业务场景

通用型业务场景通常具有较低的行业属性,且跨越多个领域,能满足企业通用性的业务需求。例如,管理型软件公司提供的财务软件、人事管理、ERP、自动化办公(OA)、客户关系管理(CRM)、日程管理、会议管理等通用性软件。这些通用型场景通常不受特定行业属性的限制,可以广泛应用于各个领域。对于这类场景,低代码开发平台能够快速、有效地构建、测试和推出应用程序,满足新业务需求,如预算申请和审批应用程序等。

(2)企业综合型管理系统

企业综合型管理系统通常用于中大型企业的内部管理,属于企业级应用,场景相对复杂。企业会根据内容的各种管理需求,利用低代码开发平台提供的定制化解决方案来构建综合型管理系统。

(3)企业个性化应用场景

企业个性化应用场景满足各种类型企业的个性化需求场景，并且可根据不同的企业类型和行业属性进行重点定制，包括图书管理、运维平台、视频会议、车辆管理、创新项目管理等。这些场景通常可由业务人员利用低代码开发平台进行快速开发，以满足企业特定的需求。

(4)中小型企业细分应用场景

中小型企业通常规模较小，组织结构较为扁平化，应用场景相对简单。因此，它们通常选择低代码这种轻量级开发方式来构建细分行业的核心业务系统，如模具生产管理系统、工厂执行制造系统等。

这些不同类型的低代码应用场景展示了低代码的灵活性和多样性，使其能够适应各种不同行业和场景的需求。无论是大型企业还是中小型企业，低代码都能为它们提供一种高效的开发方式，帮助它们更好地满足业务需求。

1.1.4　低代码开发平台的核心特点

企业可以利用低代码开发平台的优势，快速而高效地构建应用程序，满足不断变化的市场需求[2]，如图 1.4 所示。从自动化流程设计到强大的可视化开发工具，从快速开发能力到业务集成，依靠低代码开发平台的这些特点，企业可以大幅提升开发效率，从而在激烈的市场竞争中保持领先地位。

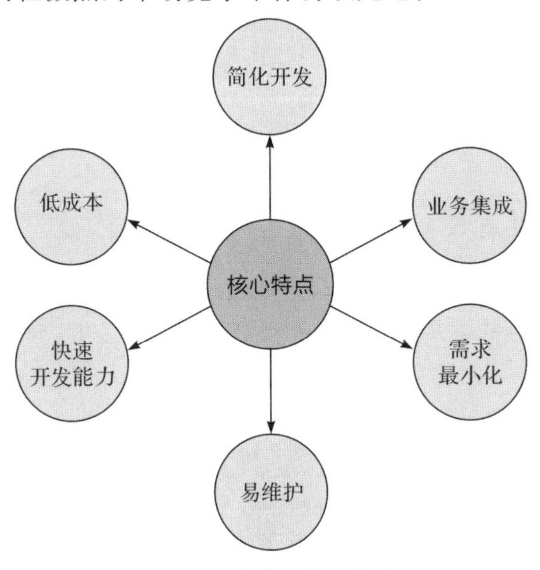

图 1.4　低代码核心特点

(1)快速开发能力

低代码开发平台的这一特点使用户能够在不具备专业编程技能的情况下,通过直观的界面和简单的配置,快速创建所需的应用程序。这种高效率的开发过程在一定程度上颠覆了传统开发流程。Forrester Research 的研究结果显示,企业可以将应用程序的开发速度提高 5～10 倍。这是数字化时代带来的巨大飞跃,提升了应用程序开发的速度和效率。

(2)低成本

低代码开发平台改变了程序开发的格局,它使初级程序员在掌握低代码开发能力后便能够得到与高级程序员同等的产出,这无疑大大降低了企业的总体开发成本。

(3)简化开发

开发者不再需要深入研究复杂的编程细节,而是可以更专注于研究如何满足用户需求。这一特性扩大了应用程序开发的受众范围,使更多人能够参与其中,从而激发了开发者的创新潜力。

(4)易维护

在数字化时代,软件维护至关重要。低代码开发平台提供的代码相对较少,这使维护工作变得更加容易,有助于企业快速响应变更和调整,确保应用程序与业务需求保持一致。

(5)业务集成

业务集成提供了直观的用户界面,使应用程序开发变得轻松和愉快。技术知识已不是必需的,最终的应用用户通常就是应用程序的主要开发者,因为他们最了解业务需求。这种协作模式在提高业务灵活性方面具有巨大潜力。

(6)需求最小化

需求最小化强调低代码开发平台的灵活性,它允许业务人员通过快速构建最小可行产品来验证客户想法和客户需求,然后将资源用于客户可能不太关心的那些特性和功能上。这种方法有助于降低项目风险,确保了应用程序在满足关键需求的同时保持灵活性。

低代码开发平台在灵活性方面存在一定局限性。例如,对于非常复杂的应用程序,低代码开发平台可能会受到一定的限制而难以实现高度定制的功能;在满足业务人员的扩展性需求方面,许多低代码开发平台难以提供足够的扩展性。但这些缺点并不能掩盖低代码给企业数字化带来的巨大益处,低代码仍旧是软件开发的首要选择之一。

1.2　人工智能简介

在当今的数字时代，人工智能已经成为科技界的一颗璀璨明珠，引领着我们进入一个前所未有的时代。人工智能改变了我们的生活方式、工作方式和社会结构，从自动化客户服务到医疗诊断再到自动驾驶汽车，人工智能正以惊人的速度渗透到人类生活的各个领域。

人工智能并不仅仅是一种技术，它代表了我们对计算机和机器的新理解，赋予了它们学习、理解和决策的能力。本节对人工智能的基本概念到历史背景，再到其主要研究方向和当红的大语言模型（Large Language Model，LLM）进行了全面介绍。

1.2.1　人工智能的历史

人工智能是一门基于计算机科学的交叉学科，融合了心理学、哲学等多个领域的知识，致力于使计算机系统能够模拟和表现出类似人类智能的能力。这种智能包括学习、推理、问题解决、语言理解、视觉感知、决策制定和自主行动等[3]。人工智能的核心目标是创建具备自我学习和自我改进能力的机器，使它们能够执行复杂的任务，甚至在某些情况下能够超越人类智慧。

人工智能的定义随着技术的发展和研究的深入而不断演变，因此对人工智能的理解需要随着时间而更新。回顾人工智能的发展历程（从早期的理论研究到现在的广泛应用），可以洞察人工智能如何从抽象的愿景转变为现实的创新力量，这一过程不仅记录了科技的进步，也反映了社会对智能系统需求的增长和对认识的变化。

人工智能的历史可以追溯到 20 世纪中叶，其发展历程横跨数十年，充满了挫折、突破和激动人心，如图 1.5 所示。

(1)早期萌芽

20 世纪中叶，随着计算机科学的崛起，早期人工智能的概念开始在学术界萌芽。以下是早期人工智能发展的关键节点。

①计算机的诞生

第二次世界大战后，计算机开始崭露头角。研究人员开始探讨如何使计算机模拟人类智能，这一思考成为人工智能研究的起点。

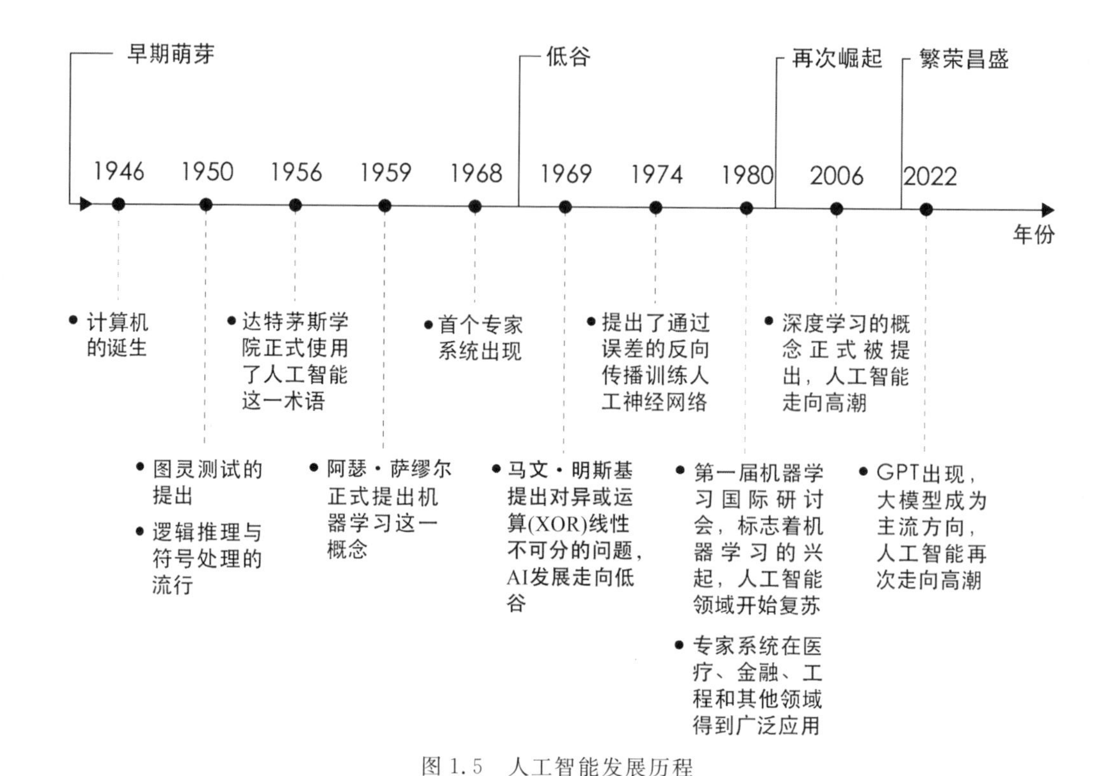

图 1.5　人工智能发展历程

②图灵测试的提出

1950 年，英国数学家艾伦·图灵（Alan Turing）提出了著名的“图灵测试”概念，试图回答一个问题：机器能否表现出和人类一样的智能行为，以至于人类在对话中无法分辨其是机器还是人类？这一概念为衡量机器的智能性提供了一个基准。

③逻辑推理与符号处理的流行

20 世纪 50 年代，人工智能研究的早期重点是逻辑推理和符号处理。研究人员尝试通过逻辑规则和符号来模拟人类的思维过程。这些早期系统试图自动执行解决问题和推理的任务，如逻辑推理机（Logic Theorist）。

尽管早期的人工智能研究者面临了许多挑战，包括计算能力的限制和知识获取的困难，但他们为人工智能领域的发展奠定了坚实的基础。这些早期的思考和实验为后来的人工智能技术与算法打下了基础，使我们在今天能够看到人工智能在自然语言处理、图像识别、机器学习和深度学习等领域取得的巨大成功。

(2)低谷

早期的人工智能研究经历了一段充满挑战的时期,这段时期被称为“人工智能的低谷时期”。这个时期的人工智能研究者面临着多个关键难题,其中一些难题至今仍然具有挑战性。

①冷启动问题

早期的人工智能研究者面临的重要问题之一就是冷启动问题。这个问题涉及如何将足够多的信息输入计算机,使计算机能够执行有用的任务。与今天不同,当时的计算机没有互联网可供获取信息,因此获取足够多的信息是一个巨大的难题。

②符号主义的局限性

符号主义是早期人工智能研究的主要范式,它依赖符号和逻辑规则来表示与处理知识。然而,这种方法在处理不确定的、模糊的及大规模的数据时显示出了局限性。这导致一些人对人工智能的潜力产生了怀疑。

③计算能力的限制

20 世纪 60 年代和 70 年代,相对有限的计算能力限制了复杂的人工智能任务执行。人工智能系统需要花费大量时间来处理和推理,这限制了其实际应用的范围。

尽管面临着这些挑战,但早期的人工智能研究成果(如专家系统和符号推理)为日后的人工智能发展提供了宝贵的经验。

(3)再次崛起

20 世纪 80 年代至 90 年代,人工智能领域经历了一次重要的复兴。这个时期的人工智能研究集中在多个方面,包括神经网络、机器学习和专家系统等。

①神经网络的复兴

20 世纪 80 年代初,研究者开始重新关注神经网络,这是受到生物大脑结构启发得到的数学模型。研究者通过使用多层神经网络(也称为深度神经网络),取得了显著的突破。这一时期的“连接主义”(Connectionism)研究推动了深度学习的发展,为图像识别、语音识别和自然语言处理等领域的发展打下了基础。

②机器学习的崛起

机器学习成为人工智能研究的核心领域之一。研究人员开发了各种机器学习算法,包括决策树、支持向量机、随机森林等,这些算法使计算机能够从数据中学习和做出决策。机器学习的发展促使人工智能在各个领域取得了巨大的成功,包括大语言模型、自动驾驶、金融分析和自然语言处理。

③专家系统的应用

专家系统是一种模仿专业领域人类专家决策过程的人工智能系统。20世纪80年代末至90年代初,专家系统在医疗、金融、工程和其他领域得到了广泛应用。虽然一些早期的专家系统存在局限性,但它们为知识表示和推理方法的发展提供了重要的经验。

④深度学习的提出

2006年,杰弗里·辛顿(Geoffrey Hinton)发表了“Learning Multiple Layers of Representation”(学习多层次的表现)一文,提出了神经网络深度学习算法,这使神经网络算法能力大大提高,开启了计算机研究领域的深度学习热潮。

这一时期计算机处理能力的提高、数据可用性的增加以及新算法和新技术的涌现,为人工智能的再次崛起提供了支持。该时期也标志着人工智能逐渐走出实验室,进入了商业领域和应用领域,成为改变世界的重要技术之一。

(4)繁荣昌盛

2011年起,深度学习在技术领域的应用开启了新篇章。谷歌公司和微软研究院在语音识别技术上引入深度学习算法,实现了错误率20%～30%的显著下降。在2012年的ImageNet图像分类竞赛中,深层卷积神经网络(CNN)的应用将图像识别错误率大幅降低了40%。2017年,AlphaGo Zero的问世更是标志着深度学习自我学习能力的突破,它在三天自我对弈训练后便以100∶0的成绩超越了先前战胜李世石的AlphaGo版本,并在40天后战胜了包括柯洁在内的顶尖围棋高手。这一系列的成就不仅极大地推动了深度学习技术的发展,也为人工智能在各领域的应用开辟了新天地。这些技术进步不仅加快了学术界的研究步伐,也对工业界产生了深远的影响,催生了众多智能应用的诞生与成熟。

大语言模型的出现标志着另一场技术革命的到来,它推动人工智能站上了科技浪潮之巅。当前人工智能的繁荣很大程度上归因于大语言模型的崛起,它在多个领域产生了深远的影响。例如,在自然语言处理领域,大语言模型能够执行高级文本的生成、理解和翻译任务;在计算机视觉领域,大语言模型实现了前所未有的图像和视频处理;在语音识别、推荐系统、医疗诊断等领域,大语言模型的应用也得到了迅速扩展。大语言模型成功的背后有几个关键因素:首先是数据的可用性,尤其是互联网上的大规模文本和图像数据;其次是硬件和算法的进步,如图形处理器和深度学习技术;最后是开放性的研究合作和共享,如开源深度学习框架和大型数据集。它们共同加速了大语言模型的研发和应用。

1.2.2　大语言模型

大语言模型的问世是人工智能技术的一次质的飞跃。大语言模型不仅代表了深度学习技术在自然语言处理(NLP)中的深化应用,更是彰显了人工智能在理解、生成和处理人类语言方面的巨大进步。

本节将对大语言模型进行简要介绍,包括它的基本概念、核心技术以及发展历程,旨在提供一个结构化的认识框架,以便读者更深入地理解大语言模型的内涵和外延,以及它在人工智能领域中的重要性和应用潜力。

(1)简介

大语言模型是一种基于深度学习技术的模型,它通过广泛的文本数据集进行训练,旨在对自然语言实现深入地理解和生成。大语言模型不仅能够解析语言的表层结构(如词汇和语法),还能够捕捉语言背后的逻辑和复杂语义。大语言模型的核心优势在于其庞大的参数库和广泛的训练数据,这些赋予了模型对语言细微差别的敏感度,提升了模型的深度理解能力。在训练过程中,大语言模型的参数会根据数据自动调整,精确捕捉输入信息中的复杂模式。

在众多大语言模型架构中,变换器(Transformer)架构以其独特的自注意力机制脱颖而出。它通过一系列层次化的神经网络运算,将输入文本转化为有序的输出序列。变换器架构在训练中深度学习并抽象化大量文本数据,生成逻辑严密、连贯性高的语言输出。变换器架构的每一层都专注于处理不同层次的信息,构建起一个强大的信息处理框架,从而实现对复杂任务的高级理解和执行。

大语言模型的卓越性能,除了归功于其先进的变换器架构外,还得益于创新的预训练与微调方法。大语言模型首先在庞大的数据集上进行广泛的预训练,吸收和学习语言的普遍特征;随后针对特定的应用场景,在相关任务的数据集上进行精细调整,优化其性能并适应多样化的需求。这种方法不仅使大语言模型能够充分利用其庞大的参数库,还确保了其在特定任务上的灵活性和适应性。

(2)大语言模型的参数

大语言模型的参数是神经网络中的核心组成部分,包括权重和偏差值,在大语言模型的训练过程中,可通过应用优化算法(如梯度下降)来动态调整这些参数,从而使模型的预测值逐渐接近实际值。参数的初始设定通常是随机的,但经过反复迭代的训练后,参数会逐渐调整到最优值,以便精确捕捉输入数据的复杂性及数据间的内在联系。这一过程对于深度学习模型的成功至关重要,因为它赋予了模型适应新数据和多样化应用场景的能力。

在神经网络的构成中,每个神经元都与特定的权重和偏差相联系。权重的作用是调整输入信号的相对重要性,而偏差则用于调节神经元的激活水平。在训练过程中,通过不断优化这些参数,神经网络能够学习如何高效地完成特定的任务。

大语言模型之所以拥有庞大的参数数量,一部分原因是它拥有深层的网络结构。网络的每一层都配备了一组参数,用以执行数据的转换和特征的提取。这种层次化的设计使得大语言模型能够在不同的抽象层次上理解和处理信息。以OpenAI的GPT-3模型为例,它拥有约1750亿个参数,庞大的参数规模赋予了模型处理复杂任务(如自然语言生成、翻译和文本摘要等)的能力。

(3)大语言模型的发展历程

①早期尝试(20世纪中期至21世纪初)

20世纪中期,早期的人工智能研究者试图模仿人类大脑的运作方式,启动了对神经网络的构建。他们的灵感来源于生物神经元之间的相互连接和信息传递。这些早期的尝试将人工神经元连接成神经网络,期望实现智能的学习和决策。然而,当时的计算资源非常有限,数据也难以获得,导致这些早期神经网络的发展受到了巨大制约。

20世纪90年代后期至21世纪初,随着计算机性能的逐渐提升和数据获取渠道的扩大,研究者开始集中精力发展深度学习方法,如卷积神经网络和递归神经网络(RNN)。这些方法在神经网络的基础上引入了更多的层级,使模型可以更好地捕捉和理解数据中的复杂模式。

尽管这些深度学习方法取得了显著的进展,且理论上颇具潜力,但它们仍然受到计算资源的限制。大规模的神经网络需要大量的计算能力和内存,这在当时的硬件环境下是难以实现的。

②里程碑时刻:深度学习复兴(2010年至今)

随着时间的推移,计算硬件的进步和更多的数据可用性逐渐打破了上述限制,这使研究者能够构建更大、更深的神经网络。2010年,大语言模型经历了一次令人瞩目的复兴,这次复兴的关键在于数据的大规模可用性,特别是来自互联网的大量文本和图像数据。这些海量数据为大型模型提供了更多用于训练的信息,显著提升了它们的性能和适用性。

2012年,AlexNet在ImageNet图像分类竞赛中的胜利,标志着深度学习技术的崛起,尤其是卷积神经网络的成功应用。AlexNet的成功为大语言模型的发展打开了新道路,人们开始认识到大语言模型在处理图像和文本等任务中具有巨大的潜力。

接下来，诸如谷歌公司的 Inception、Facebook 的 ResNet 和 OpenAI 的 GPT 系列等大型模型相继问世。这些模型在自然语言处理、计算机视觉以及强化学习等领域都取得了显著的成就。它们通过不断扩展参数规模、优化架构设计以及改进训练策略，推动了人工智能技术的前沿发展。

2020 年初，OpenAI 发布了拥有 1750 亿个参数的 GPT-3，这标志着大语言模型的另一个高峰。GPT-3 在文本生成、问题回答和自然语言翻译等任务中的惊人表现令人们对大语言模型的未来充满了期待。大语言模型发展历程如图 1.6 所示。

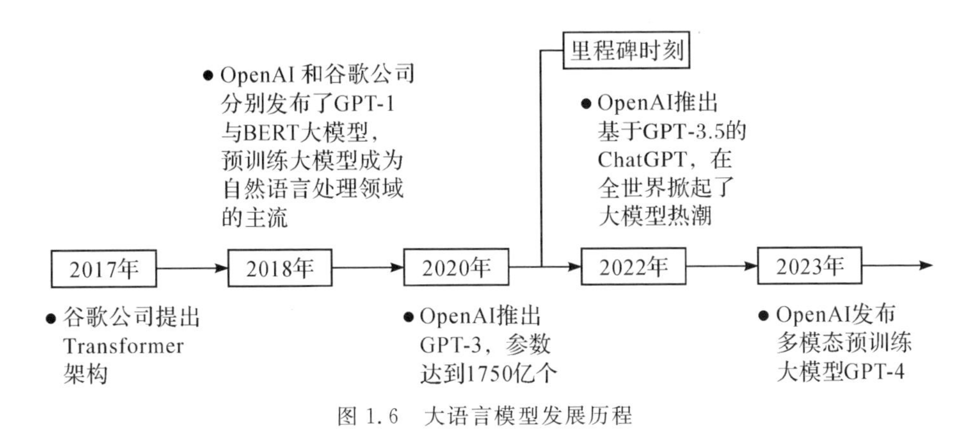

图 1.6　大语言模型发展历程

截至 2023 年，大语言模型领域呈现出了蓬勃的创新局面。其中，OpenAI 推出了 GPT-4 和 GPT-V 等引领潮流的模型，它们在自然语言处理和生成方面取得了令人瞩目的成就。此外，OpenAI 的 DALL-E2 也在图像生成和处理领域掀起了轰动。

Meta 公司也推出了名为 LLaMA 的大语言模型，在语言理解、知识图谱构建等领域展现出了强大的能力。

国内各大科技巨头也积极参与这一竞争中，推出了文心一言、通义千问、盘古等自主研发的大语言模型，为国内人工智能技术创新贡献了巨大力量。

1.2.3　人工智能的研究方向

随着对大语言模型强大功能的不断认识，我们不禁思考人工智能的边界究竟在哪里。尽管大语言模型在语言处理和上下文理解上取得了突破性进展，但它们仅代表了人工智能领域的一小部分研究。我们应该将视角扩展到人工智能现有的主要研究方向（见图 1.7），了解它们目前的发展境况，从全局的角度观察这些领域如何相互作用、相互促进,共同塑造一个更加智能化、更加紧密相连的新时代。

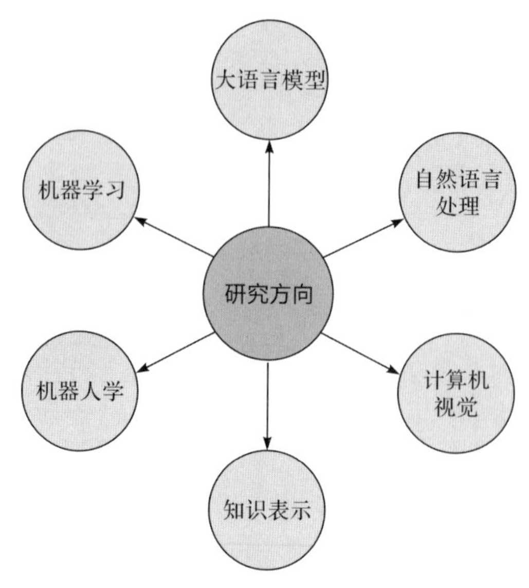

图 1.7 人工智能主要研究方向

(1)机器学习:教计算机"学习"

当人们谈论人工智能时,机器学习是最引人注目的研究方向之一,它在一定程度上是现有许多研究方向上不可或缺的一环。机器学习可以被看作是教计算机如何从数据中学习并进行决策,它在解决各种复杂问题方面取得了巨大成功。机器学习通过使用统计和算法技术,使计算机系统能够从大量数据中提取模式、规则和知识,从而不断改进自身性能[5]。

- 深度学习(Deep Learning):深度学习是机器学习的一个子领域,它通过构建深度神经网络来学习复杂的特征表示。研究者们一直在探索新的深度学习模型、网络架构和训练方法,以提高模型的性能和效率。

- 迁移学习(Transfer Learning):迁移学习关注如何将一个领域学到的知识应用到另一个相关领域。这对于在数据有限的情况下提高模型性能非常重要。

- 强化学习(Reinforcement Learning):强化学习使计算机系统能够在与环境互动的情况下学习最佳行动策略,可最大化累积奖励。它在自动驾驶、游戏玩法和机器人控制等领域具有广泛应用。例如,AlphaGo 通过强化学习击败了人类围棋冠军。

- 联邦学习(Federated Learning):联邦学习致力于在分布式环境中学习共享模型,而无需将原始数据集中在一个地方。这有助于保护用户隐私,同时允许用户在不同设备上将学到的知识进行全局性的模型改进。

(2)自然语言处理:计算机“理解”人类

自然语言处理的目标是使计算机能够理解、处理和生成人类语言,从而使计算机能够与人类更自然地交互和沟通。自然语言处理的应用范围广泛,不仅可以用于处理文本数据,还可以用于处理音频数据、实现语音识别等任务。

- 语音识别(Speech Recognition):语音识别技术允许计算机将人类的口头语言转化为文本,在语音助手、电话客户服务和语音命令系统中得到了广泛应用。例如,可以使用语音识别技术与智能手机的虚拟助手进行语音交互。

- 文本分析(Text Analysis):文本分析涵盖了文本数据的处理、分析和理解,包括情感分析、主题建模、文本分类和命名实体识别等任务。文本分析可用于社交媒体挖掘、舆情分析、新闻自动摘要等应用。

- 机器翻译(Machine Translation):机器翻译旨在将文本从一种语言自动翻译成另一种语言,这在国际交流、跨文化合作和跨境电子商务中非常重要。谷歌翻译就是一个广泛使用机器翻译技术的例子。

- 自然语言生成(Natural Language Generation,NLG):NLG技术使计算机能够生成人类可读的文本,在自动化报告生成、内容创作和虚拟助手中得到了广泛应用。例如,自动化新闻报道就可以利用NLG生成。

- 情感分析(Sentiment Analysis):情感分析是自然语言处理领域的一个重要任务,旨在确定文本中的情感或情绪。这对于企业了解客户反馈、社交媒体情感分析和产品评论有着重要作用。情感分析可以帮助企业更好地了解和理解消费者对其产品或服务的感受。

- 自然语言理解(Natural Language Understanding,NLU):NLU涉及计算机对文本进行深层次的理解,包括识别上下文、歧义和语义等,其对聊天机器人、虚拟助手和智能搜索引擎的开发至关重要。NLU使计算机能够更好地回应人类的自然语言查询。

- 问答系统(Question-Answering System):问答系统旨在回答用户提出的自然语言问题。例如,IBM的Watson系统能够回答复杂的医学诊断和法律咨询等自然语言问题。

(3)计算机视觉(Computer Vision,CV):计算机“看见”世界

计算机视觉致力于让计算机系统能够“看懂”图像和视频。该领域涵盖了广泛的应用,从自动驾驶到医学影像分析,无一不在积极改变着我们的生活方式和工作方式。

- 图像识别(Image Recognition):图像识别技术使计算机能够识别和分类图像中的对象、场景和特征。这在安全监控、自动驾驶汽车和医学影像分析中有着广泛的应用。
- 目标检测(Object Detection):目标检测允许计算机识别图像中的多个对象,并确定它们的位置。这对于自动驾驶、物体跟踪和物体计数等任务非常重要。
- 三维重建(3D Reconstruction):三维重建技术通过从多个角度拍摄的图像或激光扫描数据,创建三维场景模型。它在建筑设计、文物保护和虚拟现实中得到了广泛应用。
- 人脸识别(Face Recognition):人脸识别技术使计算机能够识别和验证个体的面部特征,可用于手机解锁、边境安全控制和犯罪调查等领域。

(4)知识表示:让计算机"理解"世界

知识表示涉及如何将现实世界的知识以某种方式传达给计算机,使计算机能够理解、推理和应用这些知识。知识表示在构建智能系统、专家系统和自动化决策系统等方面具有重要作用。

- 本体(Ontology):本体是知识表示的核心概念之一,它定义了领域内的概念、实体和它们之间的关系。本体通常以形式化的方式描述,可帮助计算机理解和推理知识。例如,一个医学本体可以定义疾病、症状和治疗方法之间的关系,协助医学诊断。
- 推理引擎(Reasoning Engine):推理引擎是一种能够基于已有知识执行逻辑推理的工具,可以用于自动化问题求解、决策支持和构建专家系统。例如,一个专家系统可以使用推理引擎来推断出最佳的诊断和治疗建议。
- 语义网(Semantic Web):语义网是一个旨在将互联网上的信息更好地组织和理解的倡议。它使用本体为网络上的信息添加语义标签,以便计算机能够更好地理解网页内容。语义网有助于构建更智能的搜索引擎和信息抽取工具。
- 知识图谱(Knowledge Graph):知识图谱是一种图形化的知识表示方式,它将实体和概念以节点和边的形式连接在一起,以表示它们之间的关系。谷歌的知识图谱是一个知名的例子,用于提供搜索引擎中的信息卡片和相关问题的答案。

(5)机器人学:创造智能机械伙伴

机器人学(Robotic)是涉及设计、构建和控制机器人的学科领域,结合了计算机科学、工程学、电子学和人工智能等多个学科。机器人学的目标是创造能够执行各种任务的智能机械实体,这些机器人可以在各种环境中自主操作或与人类互动。

- 运动规划(Motion Planning):运动规划涉及如何使机器人在复杂环境中自主移动和避免障碍物,这对自动驾驶汽车、工业机器人和无人机导航等任务至关重要。

- 机器人感知(Robot Perception):机器人感知涉及机器人如何感知和理解周围的环境,包括计算机视觉、激光雷达、声呐等传感器技术的应用。机器人需要准确地感知信息来做出决策和规划行动。

- 机器学习与控制(Machine Learning and Control):机器学习在机器人学中有着广泛应用,它可以用来改进机器人的决策制定能力和自适应能力。控制算法允许机器人执行复杂的任务,如操纵物体、导航未知环境和执行协作任务。

- 人机交互(Human-Robot Interaction):人机交互涉及机器人与人类用户之间的交流和协作,包括自然语言对话、手势识别、表情识别等技术,使机器人能够更好地理解和响应人类的需求。

(6)大语言模型:"智能"学习者

大语言模型是自然语言处理领域的杰出代表。大语言模型通过深度学习技术和大规模数据集的训练,使计算机能够理解、处理和生成人类语言。大语言模型的出现为文本生成、自然语言理解、翻译、问答系统和情感分析等领域带来了革命性的改变。

- 文本生成与理解:大语言模型能够生成多种类型的文本,从新闻报道、广告文案到创意小说和诗歌,为内容创作者提供了巨大的灵感和效率。

- 翻译:大语言模型在跨语言翻译方面表现卓越,它能够将文本从一种语言翻译成另一种语言,推动国际交流和文化融合。这对于企业拓展国际市场、学者进行多语言研究、个人跨越语言壁垒都具有巨大价值。

- 问答系统:大语言模型使问答系统能够回答复杂的自然语言问题,更具智能化,这一功能对于虚拟助手、在线知识库和智能教育系统尤为关键。例如,IBM的Watson系统在医学诊断和法律咨询方面有出色表现。

- 情感分析:大语言模型可用于分析文本中的情感和情绪,有助于企业了解客户反馈、社交媒体情感分析和产品评论。

- 自动化内容生成:大语言模型能够自动生成广告文案、新闻摘要、创意文学作品和学术论文摘要,提高了文本生成的效率。它为广告商、新闻机构、文学创作者和研究人员提供了强大的工具,推动了内容自动化和创作领域的革新。

- 自然语言理解:大语言模型帮助虚拟助手和聊天机器人更好地理解人类的自然语言查询,实现更智能的互动。

• 智能搜索引擎:大语言模型提高了搜索引擎的精度和人性化推荐,改善了信息检索体验。用户可以更轻松地找到所需信息,企业也能够提供更符合用户兴趣和需求的内容。

1.3 低代码+AI模式简介

低代码＋AI模式将AI技术的智能和低代码开发的高效性相结合,为企业和开发者带来了全新的机遇。这一模式的出现不仅促进了应用程序的快速开发,还使智能技术更加广泛地渗透到各个行业。从自动化流程到数据分析和智能预测,低代码＋AI技术正在为企业实现数字化转型和创新提供强大的工具。

在该模式中,AI负责快速实现需求,而低代码开发平台则保证了生成结果功能的正确性。这意味着企业可以更快地推出新的应用程序、更好地满足市场需求,开发者可以更专注于创新性的工作。

本节首先回顾低代码＋AI模式的发展历程;然后深入探讨这一模式的核心概念和多种应用场景,以期激发读者的灵感;最后展望未来,为读者呈现低代码＋AI模式这个充满活力的领域的前景和机遇。读者通过深入了解低代码＋AI模式的发展历程、实际应用案例,以及对未来发展趋势的展望,能更好地了解该领域,发现创新机遇,以及应对数字化领域的不断变化和挑战。

1.3.1 历　史

低代码与AI结合的探索已经有10多年的历史,随着算法和计算能力的进步,逐渐形成了涵盖软件全生命周期的AI驱动低代码开发新模式,如图1.8所示。

早在2010年,一些企业就尝试将自然语言处理技术应用于软件需求分析中。例如,IBM在2010年推出了一种名为Requirements Quality Analyzer的工具,它能利用自然语言处理技术,帮助团队在软件需求中发现潜在的问题和不一致性,提高了需求文档的质量。

到了2015年左右,深度学习和神经网络的快速发展使得原型设计自动生成成为热点方向。多家创业公司推出了从截图到代码的自动转换产品,允许产品通过上传小程序界面截图直接生成可运行的低代码源代码。例如,Sketch2React利用深度学习技术,将设计工具Sketch中的设计原型转换成可交互的React代码。这款产品极大简化了设计师和开发者之间的协作过程。

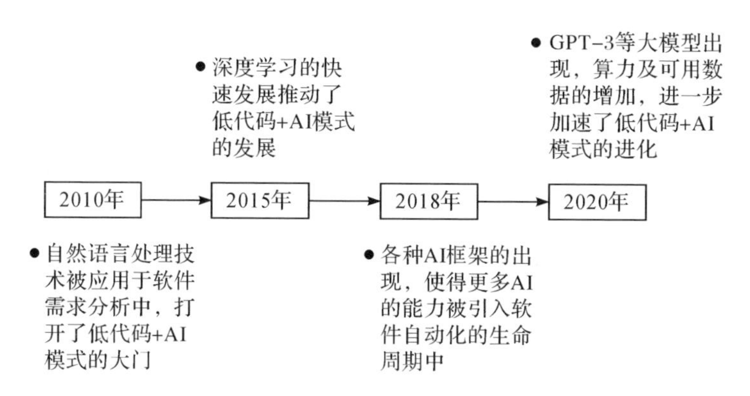

图1.8　低代码＋AI模式的发展历史

2018年以后，谷歌公司开源的TensorFlow等人工智能框架出现，这使人工智能产业化成为可能。于是，知识图谱、自然语言生成、强化学习等更多人工智能算法被引入软件全生命周期的不同阶段，进行自动化和智能化的各种尝试。测试用例自动生成、界面自动回归测试、日志分析故障预测开始成为现实。

2020年起，GPT-3等大语言模型的诞生标志着人工智能的生成能力取得突破，它们为低代码注入了更强大的智能化能力。平台可通过大语言模型理解需求描述，直接输出低代码应用文件，再进行参数调整形成可用应用，测试也可以自动进行。更多的领域知识被赋予人工智能，低代码开发平台的智能化程度不断提升。

随着计算能力的提升，以及可用的大数据不断增加，大语言模型的能力也得到了显著提升，这使它更好地满足了低代码＋AI模式的核心需求。这一模式要求将AI与低代码开发集成，实现AI的简化和低代码的复合，从而满足更高级别的功能需求。这种相辅相成的方法使企业和开发人员能够更灵活地应对数字化挑战，同时提供了更多创新的机会。

人工智能的不断发展和创新将进一步推动低代码＋AI模式的应用，促使该模式更好地满足不同行业和场景的需求。从智能决策支持到自动化流程以及更多高级的任务，大语言模型的发展为低代码＋AI模式开辟了新的可能性。

1.3.2　功能场景

低代码＋AI模式在应用软件开发场景的实现是将低代码开发工具与人工智能的能力相结合，以提高低代码应用的开发效率、测试准确性和运维智能化，并快速实现低代码应用接入 AI 的能力,如图 1.9 所示。

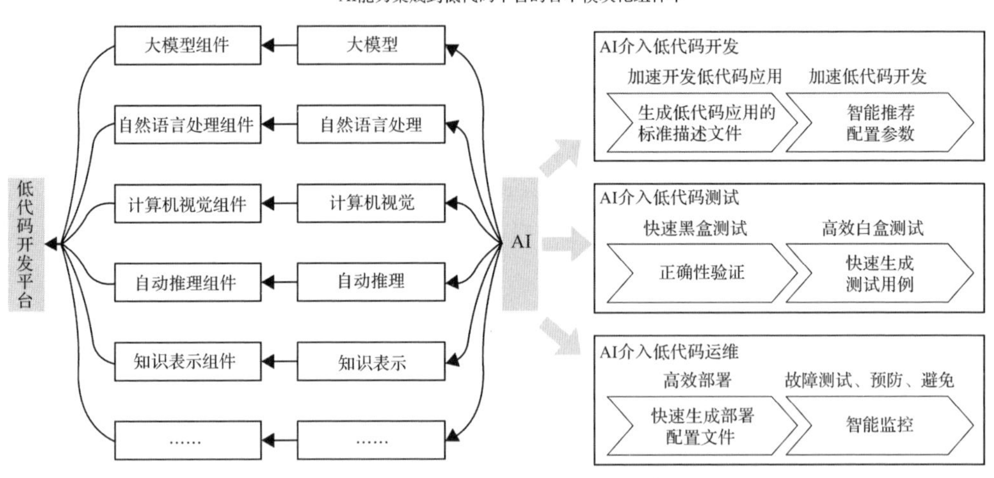

图 1.9　低代码+AI 模式赋能软件开发全流程

- 低代码应用开发过程结合 AI 能力:通过 AI 的生成能力,快速生成低代码应用的标准描述文件,然后使用低代码工具对生成的应用进行调整。此外,AI 还能够智能推荐组件搭建和参数配置,提供快速的页面和组件参数调整功能。
- 低代码应用测试过程结合 AI 能力:利用 AI 能力对低代码应用进行快速测试。一种方法是基于统计的验证,通过生成多个版本的应用,选择正确性概率最高的生成应用;另一种方法是快速生成测试用例,利用 AI 对低代码应用描述文件的理解生成多套测试输入、数据实例和逻辑实例,实现高效、高覆盖率的测试。
- 低代码应用运维过程结合 AI 能力:利用 AI 实现低代码应用的智能运维。高效部署功能是指通过采集目标部署环境的参数条件,利用 AI 能力快速生成部署配置文件。智能监控功能则是指利用用户日志和监控数据,通过 AI 能力进行故障快速预测,提前发现并防止线上事故的发生。
- 低代码应用接入 AI 能力的快速实现:将低代码工具与各种内置 AI 服务相结合,开发者可以通过简单配置将 AI 能力(如自然语言处理、语音交互、计算机视觉等)接入低代码应用中,降低用户在开发过程中接入 AI 能力的门槛。

(1)低代码应用开发过程结合 AI 能力

低代码应用开发过程结合 AI 能力的具体思路是利用 AI 的生成能力快速生成低代码应用的标准描述文件。这个描述文件类似于 XML 文件,是低代码工具开发应用的描述型代码,它规范了应用的组件、页面、接口、事件等信息,由低代码工具来定义。AI能够将软件需求文档智能生成为低代码应用的描述文件，从而实现自动生成低代码应用的目标。

通过AI生成的描述文件，开发人员可以快速构建应用程序。低代码工具提供了丰富的组件库和界面设计工具，开发人员可以根据需求进行快速调整。开发人员可以修改组件的属性、调整页面的布局和样式、定义事件的触发条件和响应动作。通过这种方法，开发人员可以快速搭建应用程序的框架，进行必要的调整。

AI不仅可以加速低代码应用的开发过程，还可以提供智能推荐和参数配置的功能。在使用低代码工具进行组件搭建和参数配置时，用户可以通过描述组件和页面的需求，让AI自动生成配置参数，从而快速完成页面和组件的参数调整。例如，用户描述组件的布局、位置和UI要求，AI可以根据这些描述生成相应的配置参数，并提供给用户进行微调。

在基于AI的低代码应用开发方法中，开发人员可以通过快速生成描述文件和智能推荐功能，快速构建应用程序的框架和界面。同时，他们还可以使用低代码工具进行灵活的调整和参数配置，以满足具体的需求。这种方法不仅可以提高开发效率，还可以减少错误和调试时间，提高了应用程序的正确性和稳定性。

(2)低代码应用测试过程结合AI能力

低代码应用测试过程结合AI能力的思路是，基于统计方法的AI生成应用的正确性验证和快速生成应用测试用例。下面对这两种方法进行详细介绍。

①基于统计方法的AI生成应用的正确性验证

在低代码应用开发过程中，AI可以通过生成多个版本的应用来验证其正确性。这种方法可以被视为一种黑盒测试方法，因为AI并不了解应用的内部实现细节，它只能通过不同变化的需求描述生成多个版本的应用，并利用统计的方法来确定正确性最高的应用。

具体步骤如下。

- 收集不同变化的需求描述：通过与用户交互或从已有的需求文档中获取不同变化的需求描述，如功能的增删、参数的变化等。
- 基于需求描述生成多个版本的应用：利用AI的生成能力，根据不同的需求描述，生成多个版本的低代码应用。
- 统计方法验证正确性：对生成的应用进行测试和验证，利用统计方法确定正确性最高的应用。可以采用自动化测试工具、模拟器等进行测试，并根据测试结果进行统计分析。

这种方法的优势在于能够快速生成多个版本的应用，并通过统计方法来确定最优的应用版本,从而提高应用的正确性和可靠性。

②快速生成应用测试用例

除了验证应用的正确性外,还需要快速生成测试用例对低代码应用进行全面的测试。这种方法可以被视为一种白盒测试方法,因为AI可以理解低代码应用的描述文件,并生成相应的测试输入、数据实例、逻辑实例等。

具体步骤如下。

- 理解低代码应用的描述文件:AI需要能够理解低代码应用的描述文件,包括应用的逻辑、数据结构、输入输出等。
- 生成测试输入和数据实例:根据对描述文件的理解,AI可以生成各种测试输入和数据实例,数据应覆盖不同的边界情况和特殊情况,确保应用在各种情况下的稳定性和正确性。
- 生成逻辑实例:AI可以生成各种逻辑实例,包括不同的执行路径、条件判断等,以测试应用的逻辑正确性和覆盖率。
- 执行测试用例并分析结果:将生成的测试用例应用到低代码应用中,并执行测试用例,然后分析测试结果,包括错误报告、覆盖率等指标。

这种方法的优势在于能够快速生成多样化的测试用例,并对低代码应用进行高效、高覆盖率的测试,从而提高应用的正确性和稳定性。

利用基于统计方法的AI生成应用的正确性验证和快速生成应用测试用例两种方法可兼顾低代码应用开发的效率与准确性。同时,利用AI的生成能力和理解能力可以为低代码应用的测试过程提供强大支持。

(3)低代码应用运维过程结合AI能力

低代码应用的智能运维是指利用人工智能技术来提高低代码应用的部署效率和监控能力,主要包括AI赋能低代码应用的高效部署和AI赋能低代码应用的智能监控两个方面。

AI赋能低代码应用的高效部署是指通过采集目标部署环境的参数条件,利用AI能力快速生成部署配置文件。在传统的部署过程中,开发人员需要手动配置各种参数,这样既费时又容易出错。而借助AI的生成能力,可以快速生成部署配置文件,大大提高应用的部署效率和准确性。AI可以分析目标部署环境的特征和要求,根据历史数据和模型训练结果生成最优的部署配置文件。这样,开发人员只需要提供基本的信息,AI就可以自动完成部署文件的生成,大大减轻了他们的工作负担。

AI赋能低代码应用的智能监控功能是指基于用户日志和对低代码应用的监

控数据，利用 AI 能力进行故障快速预测，提前发现并防止线上事故的发生。低代码应用通常会产生大量的日志和监控数据，传统的监控方法往往需要人工分析这些数据，费时且费力。而 AI 可以通过学习历史数据和模式识别，自动分析和识别异常情况并进行故障预测。当出现潜在的故障风险时，AI 可以及时发出警报，提醒运维人员采取相应的措施，避免线上事故的发生。这种智能监控功能不仅提高了应用的稳定性和可靠性，还减少了人工干预的需求，提高了运维效率。

AI 赋能低代码应用的智能运维通过利用 AI 的生成能力和模式识别能力，提高了低代码应用的部署效率和监控能力；通过快速生成部署配置文件和智能监控故障预测，大大提高了低代码应用的运维效率。

(4)低代码应用接入 AI 能力的快速实现

当前的低代码开发平台开始内置各种 AI 技术能力，如语音合成/识别、图像处理、自然语言理解等，开发者可以通过简单配置，将这些能力接入低代码应用中，实现语音交互、视觉分析等智能功能。这种方法大幅降低了 AI 技术应用的门槛。

具体来说，低代码开发平台会提供各种原生 AI 组件或 API，覆盖语音、视觉、语义等多个方面。开发者只需拖放使用这些组件配置输入和输出，就可以实现语音合成、语音识别、图像分类等功能。这比直接调用第三方 AI 服务要简单得多，并不需要编写复杂的接口对接代码。

以语音交互为例，低代码开发平台提供了语音合成和识别的组件，开发者只需设置合成/识别的文本字段绑定，就可以快速添加语音功能。在某低代码开发平台中，语音交互功能的添加只需三步：拖放语音合成组件，选择合成内容；拖放语音识别组件，绑定识别文本变量；添加触发逻辑，完成语音交互闭环。整个过程零代码，极易上手。

近年来，随着大语言模型的进步，低代码开发平台也开始提供更高级的 AI 能力。例如，可以一键接入 ChatGPT 完成问答机器人、利用 Stable Diffusion 实现图片生成等。配置方式同样简单，开发者无需自己训练模型，可利用先进 AI 技术创造更智能的应用。

在不远的未来，低代码开发平台将会内置越来越多领域的专用 AI 能力（如医疗诊断、金融风控等），它们以易用的组件形式或 API 形式提供，开发者只需通过参数配置与定制就可以轻松接入这些能力。低代码与专用 AI 的融合，将大幅降低创造智能应用的门槛，为开发者提供海量可直接使用的 AI 能力，推动更广泛的 AI 产业应用。

1.3.3 未来展望

低代码与AI的结合将为软件开发带来前所未有的效率提升,将彻底改变传统的软件生产方式,使软件更具普适性,使软件创新变得更民主化。这不仅意味着减少了对技术专业知识的依赖,还意味着将推动各行业在数字化领域的不断探索和创新。

首先,AI将在软件开发中发挥关键作用。随着AI算法的不断演进,计算机将更好地理解开发者的需求,提供更准确、高效的代码。这意味着开发者可以通过自然语言或图形界面来描述应用程序的功能和逻辑,而不必亲自编写每一行代码。低代码开发方式能够将AI快速生成的应用进行二次开发和修改,大大提高应用生成的确定性和准确性。

其次,AI的自动化能力将影响软件的测试和运维。智能机器学习算法能够快速识别和修复潜在的缺陷,减少了人工测试的工作量。此外,AI还可以实现自动化运维、监测应用程序的性能、自动扩展或收缩资源来应对流量波动。这样会减少人工干预的需求,提高应用程序的可靠性和稳定性。

最重要的是,低代码+AI将促使更多人参与应用程序的开发。开发者不再需要拥有深厚的编码知识,普通员工、业务专家乃至非技术人员都能参与应用程序的创建。这种民主化的软件开发方式将释放更多的创新潜力,在各行业引领数字化变革浪潮。无论是医疗保健、金融、零售还是制造业,低代码+AI都将提供更灵活、高效的数字解决方案,帮助企业更好地适应不断变化的市场。

在不远的将来,低代码+AI不仅可能改变软件开发的方式,还将重新定义数字化转型的可能性。这一趋势将在各行业推动数字化变革,引领新一轮的数字化变革浪潮,为社会和商业创新开辟更多机遇。

参考文献

[1] 亿欧智库.2023年低代码商业落地研究报告[R].上海:亿欧智库,2023.
[2] 韦青,赵健,王芷,等.实战低代码[M].北京:机械工业出版社,2021.
[3] 腾讯研究院,中国信息通信研究院互联网法律研究中心,腾讯AI Lab,等.人工智能[M].北京:中国人民大学出版社,2017.
[4] 国务院发展研究中心国际技术经济研究所,中国电子学会,智慧芽.人工智能全球格局[M].北京:中国人民大学出版社,2019.
[5] 周志华.机器学习[M].北京:清华大学出版社,2016.

第2章　低代码开发平台和人工智能技术介绍

低代码开发平台和人工智能技术为推动企业数字化转型的两大关键驱动力。本章将深入探讨低代码开发平台的具体技术模块及其独特优势，揭示低代码开发平台如何通过不同的技术模块来提升生产效率。同时，本章将进一步介绍人工智能技术的发展、大语言模型的基本原理以及人工智能在企业应用中的创新实践，展示人工智能在优化业务流程、提升决策能力和创造新价值方面的巨大潜力。通过对这两项技术的详细介绍，读者将全面了解它们在现代企业中的重要作用和应用前景。

2.1　低代码开发平台技术介绍

随着数字化转型的加速和软件开发需求的日益增长，低代码开发平台已成为企业迅速构建应用程序的关键工具之一。低代码开发平台通过简洁的开发流程和快速的部署能力，为企业实现在应用程序的开发和交付过程中的加速。为了使读者全面了解低代码开发平台的工作原理及优势，本章将详细探讨低代码开发平台的技术模块组成以及平台所具备的特点和功能。

2.1.1　低代码开发平台技术模块

低代码开发平台旨在降低应用程序开发的技术门槛，使更多的人能够参与应用程序的创建中。平台基于一系列创新性的模块和方法，使开发人员能够通过可视化的界面和少量的编程来创建应用程序[1]。

业务驱动型低代码开发平台更侧重通过图形化用户界面和可视化建模方式，让非技术人员也能够构建应用程序。业务驱动型低代码开发平台通常会提供预制的模块和组件，用户可以通过拖放操作、表单驱动等方式进行应用程序的设计和搭建,基本不需要编写代码。

技术驱动型低代码开发平台主要面向有一定的开发经验和编程能力的开发者,它通过提供代码生成器、可定制性服务和API集成能力,帮助开发者快速生成应用程序的核心代码,以满足特定的业务需求。

(1)业务驱动型低代码开发平台的技术模块

业务驱动型低代码开发平台主要面向业务用户,强调让非技术人员也能参与应用开发,以解决业务问题,其技术模块组成如图2.1所示。这种平台通常注重可视化开发,能提供直观的界面和拖放式操作,使业务人员可以快速创建应用,无需拥有深厚的开发技术背景。因此,业务驱动型低代码开发平台适用于相对简单和标准的业务流程与应用场景,对于那些不涉及复杂技术要求的业务问题,业务驱动型低代码开发平台是一种快速解决方案。

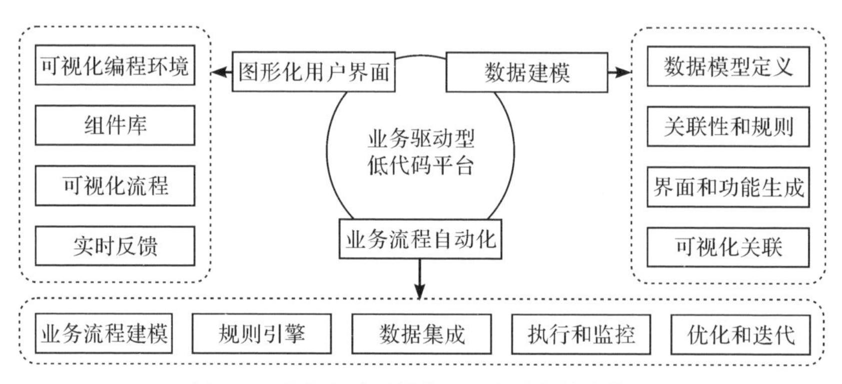

图2.1 业务驱动型低代码开发平台技术模块

①图形化用户界面

图形化用户界面通过直观的拖放操作,降低了编程过程中的复杂性和抽象性,使用户能够更加直观地理解和操作应用程序的各种元素与组件。通过图形化用户界面,用户可以将组件拖放至应用程序的界面中,设置组件的属性、定义组件之间的事件和交互等,从而快速构建出应用程序的基本结构和功能。这种方式使得编程过程更加直观和自然,简化了程序开发过程,提高了效率和易用性。同时,图形化用户界面还可以提供实时的预览和调试功能,让用户能够随时查看应用程序的效果与功能,及时发现并解决问题,进一步提高了开发效率和应用程序的质量。

业务驱动型低代码开发平台的"图形化用户界面"特点是基于一种直观的理念,它通过可视化的方式(即图形界面)来构建应用程序,无需深入编写传统的源代码。

- 可视化编程环境:业务驱动型低代码开发平台提供了一种易于理解的可

视化编程环境，允许用户通过拖拽和放置组件以及连接不同的元素构建应用程序。用户可以直接使用图形界面在屏幕上操作。

- 组件库：业务驱动型低代码开发平台通常会提供丰富的组件库，包括按钮、表单、文本框、数据库连接等，这些组件是构建应用程序的基本构建块。用户可以从组件库中选择合适的组件，然后在界面上放置它们，从而快速设计和创建应用程序。
- 可视化流程：用户可以设计应用程序的工作流程，通过在界面上创建流程图来表达应用程序的逻辑，包括用户输入、数据处理、业务逻辑等各种操作。用户只需简单地连接图形元素，即可实现应用程序的逻辑。
- 实时反馈：业务驱动型低代码开发平台通常会提供实时反馈，用户在设计界面上的更改会立即反映到应用程序的外观和功能上。这种实时性可以让用户即时了解他们的设计决策如何影响最终的应用程序。

②数据建模

数据模型驱动是指通过定义数据模型，自动生成应用程序的基础结构和功能。数据模型是对应用程序中涉及的数据进行的抽象和描述，包括数据的结构、关系、属性和操作等。通过定义数据模型，应用程序可以自动生成与数据相关的界面、表单、报表等基础结构，以及数据的增删改查等基本功能。这种方式利用了模型驱动的设计思想，将应用程序的开发过程转化为了数据模型的定义过程，简化了开发流程，提高了开发效率。同时，数据模型驱动还可以保证应用程序的数据一致性和可维护性，降低了开发和维护的成本。

- 数据模型定义：用户首先需要定义应用程序所需的数据模型，包括数据表、字段、关联等信息。这可以通过可视化的方式完成，通常以表格或图形界面呈现，让用户可以轻松定义数据结构。
- 关联性和规则：用户可以定义数据之间的关联性和规则，可以指定不同数据表之间的关联方式，定义数据的验证规则、计算字段等。这些规则是确保数据完整性和一致性的关键部分。
- 界面和功能生成：一旦数据模型定义和关联完成，业务驱动型低代码开发平台就可以在需要时根据这些定义自动生成应用程序的数据模型相关用户界面，包括生成数据输入表单、数据展示界面、搜索和过滤功能、数据导出等。用户可以直接在生成的应用程序上与数据进行交互，无需手动创建这些界面和功能。
- 可视化关联：业务驱动型低代码开发平台通常提供了可视化的方式来设置数据表之间的关系。用户可以在数据模型中直观地定义数据的关联，如一对多、多对多等关系。这些关系的建立会自动反映在生成的应用程序中,从而支持数据的联动显示和操作。

③业务流程引擎

业务流程自动化通过业务流程模型和规则引擎实现业务流程的快速搭建和优化。业务流程模型是对业务流程的抽象和描述,包括流程中的任务、事件、角色和规则等。定义业务流程模型可以清晰地描述业务流程的逻辑和流程,为业务流程的自动化提供支持。规则引擎则是一种基于规则的决策系统,可以根据预定义的规则对业务流程进行自动化处理。规则引擎可以实现业务流程的快速搭建和优化,提高业务流程的效率和准确性。同时,业务流程引擎还可以实现业务流程的可视化和可监控,便于对业务流程进行管理和优化。

- 业务流程建模:用户首先需要以可视化的方式创建业务流程模型。这个模型描述了业务流程中的各个步骤、决策点、条件分支、并行任务等。用户可以通过拖放、连接不同元素的方式来构建业务流程。
- 规则引擎:业务驱动型低代码开发平台通常集成了规则引擎,用户可以定义业务规则,如条件、触发动作、决策逻辑等。这些规则可以嵌入业务流程中,根据数据和事件的触发自动执行相应的操作。
- 数据集成:用户可以将数据源与业务流程和规则引擎连接起来。这允许数据在业务流程中流动,触发规则的执行,支持决策制定和自动化任务。
- 执行和监控:一旦业务流程模型和规则定义完成,业务驱动型低代码开发平台就可以自动执行业务流程,根据规则引擎的逻辑执行各个步骤。同时,用户可以实时监控流程的进展,查看数据和决策的结果。
- 优化和迭代:业务流程自动化不仅仅是执行,还包括优化。用户可以根据流程的执行情况和规则引擎的反馈来调整和改进业务流程,提高效率和精度。

(2)技术驱动型低代码开发平台的技术模块

技术驱动型低代码开发平台更加注重技术的可定制性,它允许开发人员在一个较高层次上使用少量的编码来实现更灵活和更复杂的业务逻辑,其技术模块组成如图 2.2所示。这种平台通常旨在加速应用开发过程,同时为开发人员提供更大的灵活性和控制权。该类型平台主要面向具有一定技术背景的开发人员,他们可能需要使用一些代码来进行更高级的自定义和扩展。这些平台通常会提供更多的技术选项去适应开发人员对于灵活性和控制性的需求。因此,技术驱动型低代码开发平台更适用于需要处理复杂业务逻辑、集成多个系统或有特殊技术要求的场景。

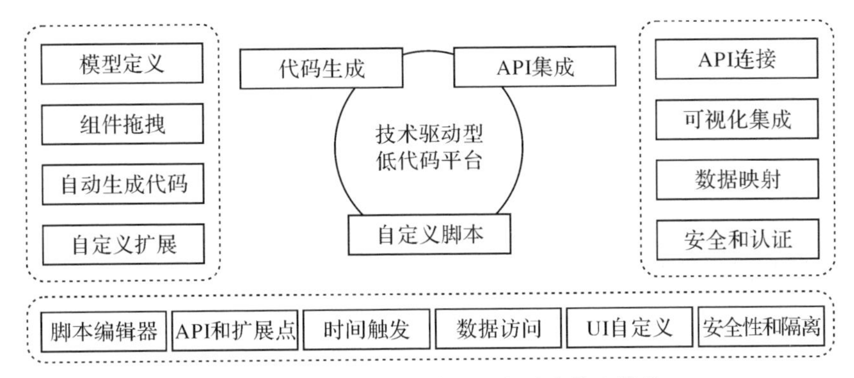

图 2.2　技术驱动型低代码开发平台技术模块

①代码生成

低代码开发平台通过拖放生成代码、拖放平台中预设的代码模板和规则自动生成可定制化的源代码。代码模板是预先定义好的，开发者可以根据实际需求选择相应的代码模板和规则快速生成符合要求的源代码。这种方式利用了代码复用和自动化生成的思想，将常见的代码结构和逻辑抽象为代码模板与规则，从而提高了开发效率，减少了重复劳动。同时，低代码开发平台生成的代码还可以根据用户的需求进行定制化生成，满足用户特定的业务需求和开发要求。

- 模型定义：用户在低代码开发平台上定义应用程序的业务模型，包括数据模型、界面模型、业务逻辑模型等。这些模型可以通过拖拽组件和配置属性进行定义。
- 组件拖拽：在模型定义的过程中，用户可以根据需要拖拽相应的组件到界面设计器中，如按钮、文本框、表格等。每个组件都有一些属性，如数据源、事件处理函数等，用户可以通过配置属性来定义组件的行为。
- 自动生成代码：低代码开发平台根据用户定义的模型和组件，自动生成相应的代码。例如，当用户在界面设计器中拖拽一个按钮组件时，低代码开发平台会自动生成一个按钮的 HTML 代码和 JavaScript 代码。
- 自定义扩展：低代码开发平台还提供自定义扩展接口，用户可以通过编写插件或自定义组件来扩展平台的功能。

②API 集成

API 集成通过与第三方 API 的集成，实现更复杂的功能和业务逻辑，是不同软件系统之间进行数据交互和共享的一种方式。通过调用第三方 API，应用程序可以实现更加丰富的功能和业务逻辑,如调用天气 API 获取实时天气信息、调用支付 API 实现在线支付等。API 集成利用了互联网开放性和互联互通的特点,使不同的软件系统能够相互协作,共同完成任务,提高了应用程序的可扩展性和灵活性。

• API 连接:技术驱动型低代码开发平台提供了一个连接第三方 API 的框架。用户可以在平台上配置和管理与各种 API 的连接,这些 API 可以是社交媒体平台、支付网关、地理位置服务、云存储等各种服务提供商的 API。

• 可视化集成:用户可以在可视化界面上构建应用程序,通过简单的拖放和配置,引入第三方 API 的功能。在界面上,用户可以选择已连接的 API,并设置参数和规则。

• 数据映射:用户可以将第三方 API 返回的数据映射到应用程序的数据模型中。这意味着用户可以将来自 API 的信息集成到应用程序中去展示、分析或存储。

• 安全和认证:平台通常会提供 API 的安全性和认证管理,确保只有授权用户能够访问敏感数据和操作,通常包括 API 密钥、OAuth 认证等方式。

③自定义脚本

自定义脚本通过支持编写自定义代码,满足特定的业务需求和功能扩展。自定义脚本是一种灵活的编程方式,用户可以根据实际业务需求,编写特定的脚本代码,实现应用程序的个性化功能和业务逻辑。这种方式利用了编程语言的灵活性和可扩展性,使得应用程序能够根据具体需求进行定制化开发。

• 脚本编辑器:技术驱动型低代码开发平台通常包含一个脚本编辑器,它允许开发人员编写自定义代码。代码可以使用各种编程语言编写,如 JavaScript、Python 或 SQL 等,具体取决于平台的支持。

• API 和扩展点:平台会提供一组 API 和扩展点使自定义代码可以与平台的其他部分进行交互。这些 API 和扩展点可能包括数据访问、事件处理、UI 定制等。

• 事件触发:自定义代码可以通过事件触发来执行。这些事件通常包括用户操作、数据更改、定时触发等。当特定事件发生时,自定义代码将被触发执行。

• 数据访问:自定义代码可以访问和修改应用程序的数据模型。这意味着开发人员可以编写脚本来执行数据处理、计算、验证、转换等操作。

• UI 自定义:自定义脚本还可以用于修改用户界面。开发人员可以使用脚本来创建自定义小部件、修改布局、添加新界面元素等。

- 安全性和隔离：平台通常会提供安全性控制和隔离来确保自定义代码不会破坏应用程序的稳定性和安全性。

2.1.2 低代码开发平台的特点

低代码开发平台的特点如图 2-3 所示，包括快速开发能力、隐私性、低成本、简化开发、易维护性、业务集成、需求最小化等。

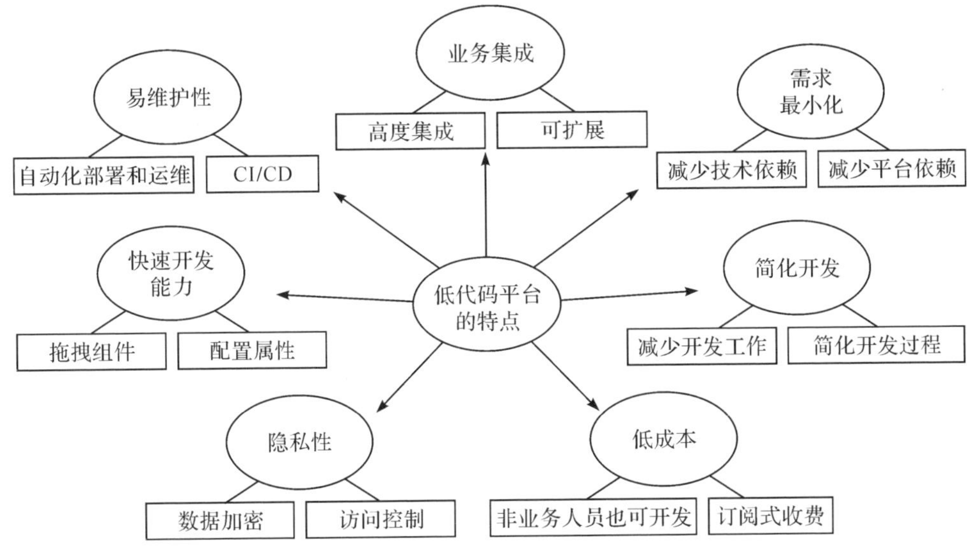

图 2.3　低代码开发平台的特点

- 快速开发能力

低代码开发平台的快速开发能力是指用户可以通过可视化界面和预构建的组件，以更快的速度和更低的成本构建应用程序。

低代码开发平台的快速开发能力主要体现在以下几个方面。

首先，提供了可视化的开发环境，用户可以通过拖拽组件、配置属性和编写少量代码来完成应用程序的开发，这种环境大大降低了开发的门槛和难度。

其次，低代码开发平台会提供一系列预构建的组件，包括用户界面、业务逻辑和数据访问等，这些组件通常封装了常见的开发任务，减少了从零开始开发的难度和工作量。

最后，低代码开发平台通常采用模型驱动的开发方式，用户通过定义数据模型、业务逻辑模型和用户界面模型等来描述应用程序的功能和结构，平台根据这些模型自动生成可执行代码，进一步提高了开发效率和质量。

- 隐私性

低代码开发平台的隐私性是指平台在开发过程中对用户数据的保护和隐私权益的尊重。低代码开发平台通常会采取一系列措施来确保用户数据的安全和隐私，包括数据加密、访问控制、安全审计和隐私政策等。

首先，低代码开发平台会采用数据加密技术对存储和传输的数据进行加密处理，确保数据在传输和存储过程中不被窃取或篡改。

其次，平台还会提供访问控制机制，限制对用户数据的访问权限，确保只有经过授权的人员才能访问敏感数据。

然后，低代码开发平台还会制定严格的安全审计流程和隐私政策，确保用户数据的使用和存储符合相关法律法规与道德规范。平台会对开发者和用户的行为进行监控与审计，确保数据不被滥用或泄露。此外，平台还会定期进行安全漏洞扫描和修复，及时发现和处理安全漏洞，保障用户数据的安全性。

最后，低代码的应用可以完全交由用户公司的内部业务人员开发，而不必将开发任务交由外部人员，这大大加强了公司的隐私数据保护和数据安全。

- 低成本

首先，低代码开发平台通过提供可视化的开发环境和预构建的组件，降低了开发的门槛和难度，使非技术人员也能参与其中，大大减少了传统开发所需的成本和时间，用户可以更快地构建出符合自身需求的应用程序。

其次，低代码开发平台提供多种收费模式，如订阅式收费等，用户可以根据自身的需求和规模选择相应的套餐和服务，避免了资源浪费和成本支出。

最后，低代码开发平台还提供了丰富的集成和扩展能力，用户可以根据自身的业务需求来定制和扩展应用程序的功能与特性。该能力使用户可以根据业务发展需要来逐步增加功能和特性，避免了前期投入过多的成本和资源。

- 简化开发

低代码开发平台的简化开发是指通过减少烦琐的开发工作和流程，简化应用程序的开发过程。这种特点使得开发者可以更快速、更高效地构建应用程序，使更多人能够参与开发工作。

低代码开发平台通过提供可视化的开发环境、预构建的组件和模型驱动的开发方式等手段，将传统的烦琐开发过程简化。开发者可以通过拖拽组件、配置属性和编写少量代码等方式，快速构建出应用程序的原型和基本功能。

- 易维护性

低代码开发平台的易维护性是指平台在应用程序部署后，能够简化应用程序的维护和更新工作。这种特点使开发者可以更快速、更高效地修复错误、更新功能和保持应用程序的稳定性。

低代码开发平台通常会提供自动化的部署和运维工具,使开发者可以更快速地将应用程序部署到生产环境中。这些工具通常与持续集成和持续部署(CI/CD)流程相结合,使开发者可以自动化地构建、测试和发布应用程序。这种自动化方式减少了手动干预和错误的可能性,提高了应用程序的稳定性和可靠性。同时,低代码开发平台还提供了版本控制和回滚功能,使开发者可以更快速地更新和维护应用程序,同时避免出现意外情况。

- 业务集成

低代码开发平台的业务集成是指平台能够提供强大的集成能力,帮助用户快速构建出高度集成、可扩展的应用程序。这种特点使得低代码开发平台在开发涉及多个系统、数据源和业务逻辑的应用程序时具有显著的优势。传统的应用开发在集成其他中间件或其他技术时,要求专业的技术人员有能力对该中间件或技术有一定了解或是需要专业的技术人员花费时间对该技术的集成方式进行学习。然而,低代码开发平台提供了一站式的集成服务,使非专业的开发人员通过拖拽即可轻松完成应用程序的集成需求。

- 需求最小化

低代码开发平台的需求最小化是指在平台的使用中,用户只需要满足最基本的需求和功能,就能够快速构建出应用程序。这种特点使得低代码开发平台在开发初期就能减少用户对技术、开发和编程的依赖,从而使用户更专注于业务逻辑和功能实现。

2.2 人工智能技术介绍

从简化日常任务的自动化到提供高级智能决策支持,人工智能的影响力已经扩展到各行各业。本节将详细阐述人工智能的基础理论,包括但不限于机器学习、深度学习以及大语言模型等关键技术,并分析这些技术在多个行业中的实际应用和潜在影响。

2.2.1 人工智能技术基本类型

(1)符号主义

人工智能的概念诞生于20世纪50年代。在人工智能发展的早期,当可编程数字计算机首次亮相时,符号主义(Symbolism)便迅速发展起来。研究者们充满激情,纷纷投身于探索人工智能,创造了一系列智能系统。该时期,人工智能主要用于解决一些较为简单的数学和逻辑难题,代表性的应用有机器定理证明、机器翻译、专家系统和模式识别等。

符号主义又被称为逻辑主义、心理学派或计算机学派,是一种经典的智能建模方法,其核心理念是基于数学逻辑和符号系统的运算。这一方法认为:人工智能的实现源于逻辑推理和符号处理,智能可看作是符号之间的复杂互动。符号主义强调:认知过程是通过一系列符号的操作来完成的,无论是计算机还是人类,都可以被视作具备逻辑推理能力的符号系统。换句话说,计算机可以通过各种符号运算来模拟人类的"智能"。

在符号主义的框架中,知识和信息以符号的形式表示,这些符号可以代表对象、概念、关系以及逻辑规则。计算机程序则通过操作这些符号,执行逻辑推理、知识提取和问题求解。符号主义的核心思想可以概括为以下几个方面。

- 物理符号系统假设:智能系统被视为物理符号系统,其操作基于符号的规则,符号间有明确的关系。
- 逻辑推理:符号主义强调逻辑推理作为认知过程的核心,逻辑规则用于从已知符号中推断出新的结论。
- 知识表示:知识被表示为符号的集合,这些符号可用于描述领域知识和问题约束。
- 符号操作:计算机程序通过符号操作来执行各种任务,如推理、搜索、规划等。
- 知识工程:符号主义强调知识工程,即将各领域专家的知识转化为计算机可理解和处理的符号形式。

尽管符号主义在早期人工智能研究中取得了一些成果,但符号主义在 20 世纪 70 年代仍不可避免地走向了式微。究其原因是符号主义追求通过严谨的推理逻辑和精确的算法规则来模拟智能系统的思维和行为。然而,随着研究的深入,研究者们逐渐认识到,将所有智能行为都抽象化为符号和定理存在着困难和局限。一方面,现实世界的复杂性和不确定性难以用简单的规则来捕捉;另一方面,符号主义的方法难以处理模糊性和多义性以及与感知、自然语言理解和大规模数据处理相关的挑战。

(2)专家系统

符号主义虽然在人工智能的发展历程中逐渐失去了主导地位,但它在特定时期对于启发式算法的发展做出了重要贡献，尤其是在专家系统[2]的创建上。专家系统是一种集成了大量特定领域专家级知识和经验的智能计算机程序系统，它能够模仿人类专家的思维方式和问题解决策略，处理专业领域的复杂问题。专家系统的主要组成部分如下（见图 2.4）。

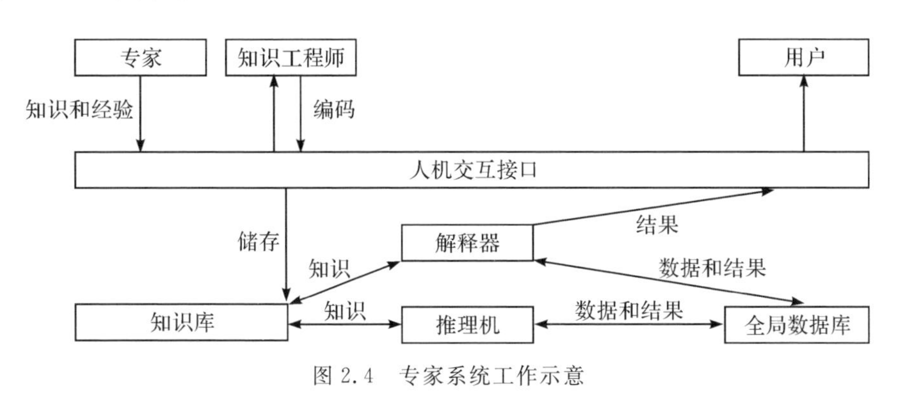

图 2.4　专家系统工作示意

- 知识库

知识库用于存储某一领域专家系统所需的专业知识，包括各种事实、可行操作和规则等内容。建立一个有效的知识库，需要克服知识获取和知识表示两个主要挑战。

知识获取涉及知识工程师的工作，工程师需要从领域专家那里获取专业知识。这个过程包括与专家互动来收集他们的知识、经验和见解等。知识工程师需要运用适当的技术和方法来提取、整理与记录专家的知识，以便将知识转化为计算机可以理解和利用的形式。

知识表示是一个关于如何以计算机可理解的方式表达和存储知识的问题。这意味着需要将从专家那里获得的知识转化为机器能够处理的形式，并以规则、逻辑语句、数据结构等方式进行表达。这就要求知识工程师使用适当的编码和表示方法以确保计算机能够有效地利用这些知识来进行推理、问题求解等任务。

- 全局数据库

全局数据库用于存储与领域或问题相关的初始数据以及在推理过程中获取的中间数据和信息。这些信息通常是被处理对象的基本事实，它们在专家系统的运行过程中被不断更新和利用。

全局数据库通常包含问题领域的初始数据，这些数据提供了专家系统运行的上下文和基础信息。它们可以是该领域的基本事实、规则或其他形式的知识。在专家系统的推理过程中，全局数据库则用于记录中间结果。这些中间结果可能是在问题求解中发现的新信息、过程中的推断或临时性的数据。

将全局数据库中的事实和中间结果进行匹配，专家系统可以生成新的信息，进一步推进问题的解决。随着推理的进行，全局数据库会不断更新和变化，这就确保了专家系统可以根据新的信息和中间结果做出更准确的决策。

- 推理机

推理机是专家系统中的核心组件，它担负着推理和决策的重要任务。推理机的主要功能是记忆专家系统所采用的规则和控制策略，使整个系统能够以逻辑方式运行，并从储存的知识中推导出结论，而不是简单地搜索预先准备好的答案。

推理机内置了一套规则引擎，可以解释和应用领域专家提供的规则。这些规则包括逻辑规则、条件语句和操作指令，用于根据输入的信息进行推理。推理机通过推理将已知的事实与规则进行匹配，然后生成新的结论。这是专家系统解决问题和做出决策的核心机制。

- 解释器

解释器能够向用户解释专家系统生成的推理结论的正确性和依据。它可以提供详细的信息，说明为什么系统得出了特定的结论，包括哪些规则和事实被应用以及它们是如何得出结论的。

解释器通常与用户进行交互，回答用户的提问，提供额外的解释信息或允许用户请求进一步的解释。这种互动有助于用户理解系统的工作原理，提高用户体验。通过提供解释，解释器增加了专家系统的透明度，使用户更容易信任系统的决策。用户可以更好地判断系统的合理性和可信度，从而更愿意接受系统的建议或决策。

- 人机交互接口

人机交互接口在专家系统中扮演了至关重要的角色，它是用户与系统之间的桥梁，支持双方的有效交互。接口的作用包括用户输入和提问，用户可以通过接口向系统输入必要的数据、提出问题或请求帮助，从而启动系统的智能决策过程。用户通过接口还可以回答系统的提问，以便系统更好地理解问题的上下文和特定需求。

专家系统的成功开发和应用标志着人工智能已进入实际应用阶段，但专家系统也有其优势和局限性。

专家系统主要局限于特定的知识领域，它能在这些领域内提供专业的解决方案，但在更广泛的应用场景使用时可能会受限。专家系统在泛化能力上的不足，意味着它难以适应新的问题或领域。此外，专家系统的知识获取过程往往需要大量的人工投入，不仅成本高昂，而且其在更广泛领域的应用受到限制。专家系统的使用还可能要求用户具备特定的培训技能和知识背景，这就增加了系统使用的难度，使系统在某些领域的应用不能展开。

随着这些局限性的逐渐显现，人工智能研究经历了一段相对低迷的时期。研究者们开始探索新的方法，如机器学习和深度学习，这些方法侧重于从大量数据中自动学习和识别模式，而不是依赖于人工制定的规则和符号操作。这种研究方向的转变开启了人工智能的新纪元，为现代人工智能的发展奠定了基础。

(3)机器学习

“Field of study that gives computers the ability to learn without being explicitly programmed.”(没有明确编程而让机算机有学习能力)

——Arthur Samuel(阿瑟·萨缪尔)

1959 年，Samuel 首次提出了机器学习的概念，他指出：机器学习是一种特殊的算法范畴，而非特定的单一算法。这种特殊算法允许计算机通过数据学习进行预测和决策。因此，机器学习不是一种具体的算法，而是一种广泛的算法类别，包括各种方法和技术，可用于让计算机从数据中获取知识、模式和规律。这一概念的提出为机器学习领域的发展奠定了基础，使其成为计算机科学和人工智能中的一个重要分支，为解决各种复杂问题和任务提供了有力的工具。

①机器学习的原理

通俗来讲，机器学习是一种使计算机通过分析大量数据来“学习”的过程，类似于人类通过实践积累经验。

机器学习的核心在于利用计算机程序处理和分析庞大的数据集，以此模拟人类的学习过程。这一过程要先将大量数据输入程序中，然后选择一个合适的模型，使计算机能够对这些数据进行有效的“拟合”。这里的“拟合”是指计算机通过学习数据中的模式和趋势，自主地进行预测，无需人为指导。计算机构建模型的过程依赖于特定的算法，这些算法可以是简单的数学公式，如线性回归方程，也可以是更为复杂的逻辑和数学模型，目的是确保计算机能够做出尽可能准确的预测。通过这种方式，机器学习赋予了计算机自我完善的能力，使其能够随着时间的推移不断提高预测的准确性，从而更深入地理解数据并将其有效应用于各种场景[3]。

机器学习的训练流程可以概括为以下几个步骤(见图 2.5)。

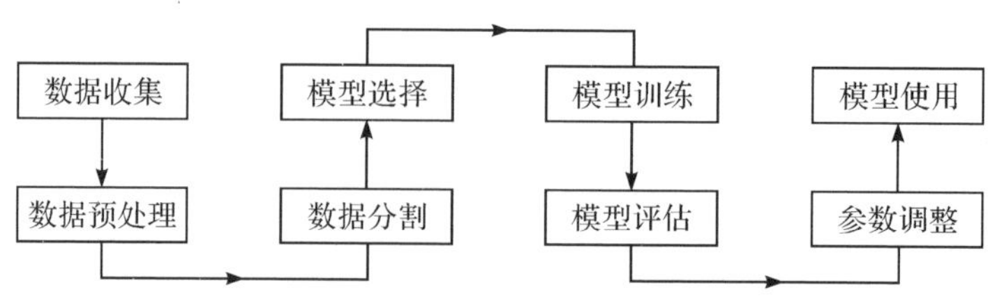

图 2.5　机器学习训练流程

(a)数据收集:在机器学习过程中,数据收集是一个至关重要的步骤,它决定着模型能力的上限。必须清晰界定研究问题,并识别出需要收集的数据种类。数据可能源自多种渠道,如传感器数据、数据库记录、文档等。所收集数据的质量和完整性对于后续模型训练的成功至关重要,因为它们构成了模型学习的基础。

(b)数据预处理:数据预处理可以确保数据集更适合于机器学习建模,提高模型的准确性和鲁棒性。数据预处理是机器学习流程中不可或缺的一部分,有助于从原始数据中提取有价值的信息并准备数据用于训练模型。预处理包括如下几种。

• 数据清洗:数据可能包含各种问题,如重复记录、拼写错误或不一致的格式。数据清洗涉及数据检测和数据修复,能确保数据的准确性。

• 处理缺失值:实际数据中常会出现数据缺失值,这可能由数据采集中的问题或其他原因造成。处理缺失值的方法包括删除缺失数据、插补缺失值(可用平均值、中位数等替代)或采用其他技术来填补。

• 解决异常值:异常值是指与其他数据点显著不同的数据点,可能会影响模型的性能。因此需要检测异常值并采取适当的措施,如删除异常值或进行数据修正。

• 特征工程:特征工程涉及选择、转换和创建特征,以便数据更好地匹配机器学习模型,包括将原始特征组合成新的特征、降维、对分类特征进行编码等。

(c)数据分割:在机器学习中,通常将数据集分为训练集和测试集两个主要部分。这种划分使我们能够全面评估模型的学习效果和泛化能力。

• 训练集:训练集是模型学习过程的核心,包含用于模型训练的数据。模型通过分析训练集中的数据来识别潜在的模式和关联,从而为未知数据的预测建立基础。模型的参数和权重通过与训练集的交互而不断调整,目的是在数据上实现最佳的拟合效果。

• 测试集:测试集扮演评估者的角色,用于检验模型在独立数据上的表现。在模型训练完成后,测试集的数据被用来评估模型的预测能力,特别是评估面对未见过的数据时的泛化性能。通过在测试集上进行评估，我们可以识别模型是否存在过度拟合或欠拟合的问题，这些问题分别表现为模型在训练数据上表现优异但在新数据上表现不佳，以及模型未能充分捕捉数据的复杂性。

(d)模型选择：根据问题的类型(如分类、回归、聚类等)和数据的特点选择合适的机器学习算法。

(e)模型训练：模型训练根据输入数据和预定目标来调整模型参数，目的是让模型能够精确预测或完成指定任务。这一过程是自动化的，机器通过算法自主地学习数据中的模式，并不断优化自身的参数设置。

(f)模型评估：模型评估通过模型在验证集和测试集上的表现来预测模型在现实世界任务中性能。这一评估过程对于验证模型的有效性至关重要，只有经过细致的评估，才能确信模型具备解决特定问题的能力。模型评估不仅揭示了模型在新数据上的泛化能力，还有助于识别模型的潜在不足，为模型的进一步优化提供方向。

(g)参数调整：参数调整的目标是通过调整模型参数来改善模型在训练集上的数据拟合度，减少预测值与实际值之间的偏差，提高模型的整体性能。该步骤通常涉及应用各种优化算法(如梯度下降法)来探索参数空间，寻找能够最大程度减少模型损失函数的参数配置。

(h)模型使用：模型使用是机器学习流程的最终环节，也是将模型付诸实际应用的关键步骤。当模型在验证集和测试集上展现出卓越的性能，并通过细致的参数调整后，它便达到了实际应用的准备状态。模型使用的实施可能包括将模型整合入软件应用程序、嵌入自动化的工作流程、作为数据分析和决策支持的工具等。

②机器学习的分类

上节强调了模型选择在机器学习过程中的重要性。选择正确的模型对于解决特定问题和处理数据类型至关重要，将直接影响到模型在实际应用中的表现。为了进一步阐释机器学习的多样性和适应性以及针对不同任务挑选合适的模型，本节将深入探讨机器学习的不同类型及机器学习的代表性算法。

机器学习根据训练方法可大致分为监督学习、无监督学习、半监督学习、强化学习四大类(见图2.6)。

(a)监督学习

监督学习是最常见和直观的机器学习方法之一。在监督学习中，算法接受带有标签的训练数据，这些标签表示了输入数据和与其相关联的期望输出。模型的任务是学习如何从输入数据映射到正确的输出，以便在面对新数据时进行准确的预测或分类。监督学习主要包括回归和分类两种任务。

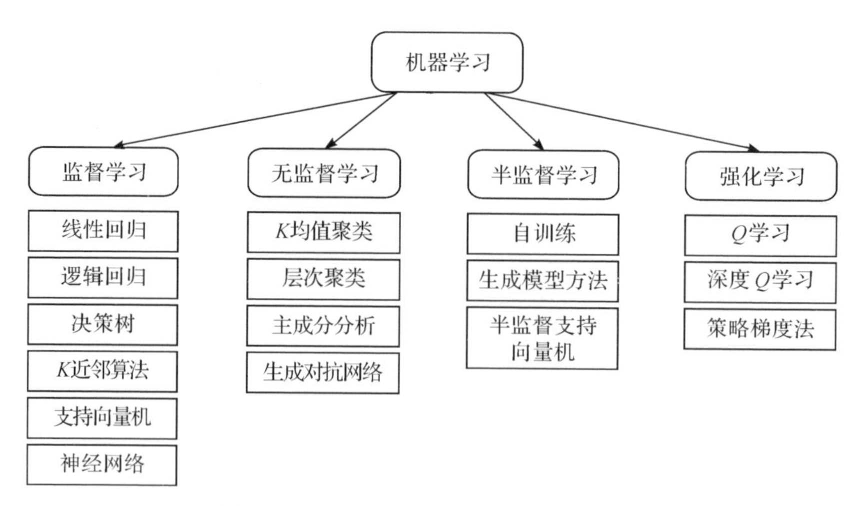

图 2.6 机器学习大致分类及其主流算法

- 回归:这一任务的目标是预测连续的、具体的数值。回归模型可用于估计数值型变量,如预测未来的房价、股票价格或气温。通过学习历史数据和特定模式,回归模型可以精确预测连续性输出。
- 分类:在分类任务中,模型的任务是将不同的事物或数据点划分到不同的类别中,通常用于离散型预测。例如,分类模型可以用来判断电子邮件是否为垃圾邮件或合法邮件,预测明天的天气状况是否晴朗、多云或下雨等。分类模型通过学习已知类别的数据点的特征和属性对新的数据点进行分类。

监督学习的主流算法包括以下几种。

- 线性回归(Linear Regression):用于预测连续的数值型目标变量。它通过拟合一个线性函数来建立关系。
- 逻辑回归(Logistic Regression):主要用于二元分类问题,将输入映射到一个 0～1 的概率分布。
- 决策树(Decision Trees):根据一系列的规则来进行分类和回归,构建一个树状结构,以便根据输入特征做出决策。
- K 近邻算法(K-Nearest Neighbor,KNN):根据最接近输入数据的 K 个邻居的标签进行分类或回归。
- 支持向量机(Support Vector Machine,SVM):主要用于分类问题,通过寻找最佳的决策边界(超平面)来实现分类。
- 神经网络(Neural Network):一类强大的深度学习算法,用于各种任务,如图像识别、语音识别和自然语言处理等。

(b)无监督学习

无监督学习与监督学习不同，它可处理未标记的训练数据，即只有输入数据而没有明确的输出标签。算法的任务是在数据中发现潜在的模式、结构和关系以进行聚类、降维、异常检测等任务。无监督学习常用于数据探索、推荐系统、主题建模和降维分析等领域。

无监督学习的主流算法括以下几种。

- *K* 均值聚类(*K*-Means Clustering)：将数据集分为 *K* 个不同的簇，每个簇包含相似的数据点。它是一种常用的聚类算法。

- 层次聚类(Hierarchical Clustering)：通过构建树状结构来组织数据，将相似的数据点聚集在一起。

- 主成分分析(Principal Component Analysis，PCA)：用于降维和数据压缩，它通过线性变换将数据映射到新的坐标系，以捕获主要变化。

(c)半监督学习

半监督学习是一种机器学习范式，它结合了监督学习和无监督学习的元素。在半监督学习中，模型在训练时可同时利用带标签的数据和未标记的数据。一般情况下，带标签的数据是相对稀缺和昂贵的，而未标记的数据则相对容易获取。

半监督学习的目标是通过有效地利用未标记数据来提高模型的性能。未标记的数据包含更广泛、更全面的信息，但由于缺乏外部标签，这些数据在传统监督学习中难以使用。半监督学习试图通过整合这两类数据，使模型能够更好地泛化到新的、未见过的数据。

半监督学习的主流算法包有如下几种。

- 自训练(Self-Training)：是半监督学习的一种简单而有效的方法。它在训练过程中逐渐扩展已标记的数据集，使用模型对未标记数据进行预测，并将置信度高的预测结果添加到已标记数据中，这样模型就可以逐渐利用未标记数据进行训练。

- 生成模型(Generate Semi-Supervised Model)：通过学习数据的分布，生成新的样本。生成对抗网络(GAN)等生成模型方法也可以用于半监督学习。在半监督学习中，生成器的输出被用作额外的训练数据，这有助于提高模型的泛化性能。

- 半监督支持向量机(S3VM)

半监督支持向量机是一种半监督学习算法，它扩展了传统的支持向量机方法。半监督支持向量机在训练中同时使用带标签和未标记的数据，并尝试找到一个最优的超平面,以将不同类别的数据分开,这样有助于提高模型在未标记数据上的性能。

(d)强化学习

强化学习涉及决策制定和控制,通常用于模拟智能体在某一环境中采取行动以最大化某种奖励信号。智能体通过尝试不同的行动并根据奖励信号进行学习。

强化学习的主流算法有如下几种。

- Q学习(Q-Learning)

Q-Learning是一种基于值迭代的强化学习算法,用于离散状态和动作空间的问题。它通过学习一个值函数$Q(s,a)$(其中s表示状态,a表示动作)来指导智能体的决策。

- 深度Q学习(Deep Q-Network,DQN)

DQN结合了深度学习和Q-Learning,适用于处理高维状态空间。它使用深度神经网络来估计Q值函数。

- 策略梯度法(Policy Gradient Method)

这类算法不直接估计值函数,而是通过学习策略函数来决定动作。其中的一种典型算法是REINFORCE。

(4)深度学习

深度学习作为机器学习领域的一个重要分支,无论是在图像识别、自然语言处理,还是在自动驾驶和医疗诊断领域[4],都取得了显著成果。下面将探讨深度学习的核心思想(见图2.7),了解它是如何运作的,以及它在解决复杂问题和实现人工智能的目标方面发挥着什么样的关键作用。

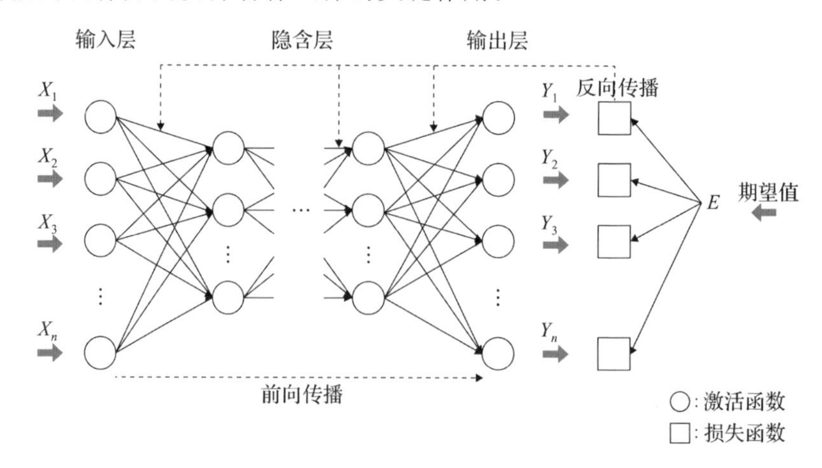

图2.7 深度学习神经网络原理

①神经元和连接

在深度学习中，神经元是处理和传递信息的基本单位，这一概念模仿了生物神经系统中的神经元工作机制。在深度学习框架内，每个神经元通过一系列连接接收来自其他神经元的输入信号。这些输入信号首先经过加权求和，然后通过一个非线性激活函数转换，以产生神经元的最终输出。

②前向传播

前向传播是深度学习模型进行推理或预测的核心机制，它确保了模型根据输入数据做出准确的预测或分类。

在前向传播中，每个神经元先接收来自上一层神经元的输出，然后对这些输入进行加权求和，并通过激活函数进行转换，生成自身的输出。这一输出又作为下一层神经元的输入，如此反复，逐层传递，直至达到输出层，生成最终的模型预测或分类结果。

神经元的输出不仅受到输入数据的影响，还受输入数据与其他神经元之间连接的权重影响。这些权重参数是在模型的训练过程中不断学习和优化的，能确保模型对输入数据进行最佳的映射。

③反向传播

反向传播是通过计算损失函数相对于网络参数的梯度来指导权重调整的。反向传播的实现基于损失函数对每个神经元输出的梯度计算，即损失函数对输出的敏感度。这些梯度指示了如何调整神经元间的连接权重以减少预测误差。计算从输出层启动，逆向通过网络的每一层，逐层计算并累积梯度。在这一过程中，每个神经元的梯度不仅取决于其自身的权重，还受到上层神经元梯度的影响。这些梯度信息反馈至权重更新机制，指导权重沿减少损失的方向进行调整，从而使模型的预测逐步向真实值靠拢。

权重参数通过反复迭代的训练过程不断被优化，模型的预测精度也随之提高。反向传播算法的有效性在于其能够在整个网络中传播误差信号，为复杂的深度学习模型提供了一种高效的学习机制。

④激活函数

激活函数引入非线性特性，极大地增强了模型的表达能力。若缺少激活函数，即使神经网络有多层结构，其输出也将始终是输入的线性组合，这将严重限制模型的拟合能力，令模型无法学习到数据中的复杂模式和关系。

激活函数的核心作用是在神经元的输出端引入非线性变换，使神经元的输出非线性地依赖于其输入。这样，深度学习模型就能够更好地捕捉数据中的非线性特征，从而更好地拟合训练数据，提高模型的性能和泛化能力。

(5)大语言模型

近年来，深度学习领域的飞速进步为大语言模型的出现提供了坚实的技术支撑。深度学习领域的持续探索和创新不仅推动了深度神经网络架构的演进，也使模型规模和模型性能实现了前所未有的飞跃。这种进步得益于计算能力的显著提升、数据量的指数级增长以及智能化训练算法的快速发展。在这样的技术背景下，大语言模型横空出世，为人工智能领域带来了新的可能性和更多创新突破。

①核心原理

大语言模型的核心优势在于它采用 Transformer 架构和自注意力机制。Transformer 架构代表了深度学习在自然语言处理领域的一次重大创新，它通过引入自注意力机制，有效解决了传统模型在处理长距离依赖和上下文信息时的局限，极大提升了大语言模型对语言的理解和生成能力。

此外，大语言模型采用的预训练与微调策略使模型能够充分利用大规模语料库中的丰富知识，进一步提升模型的泛化能力和性能。在预训练阶段，大语言模型在大量文本数据上学习通用的语言表示；在微调阶段，大语言模型针对特定任务进行调整和优化，以适应不同的应用场景。这种策略不仅提高了模型的训练效率，也确保了模型在多样化任务中的灵活性和有效性。

②Transformer 架构

(a)Transformer 基础架构

Transformer 架构由 Vaswani 等人[5]于 2017 年提出，旨在解决循环神经网络和卷积神经网络在处理序列数据时存在的一些问题，如难以捕捉长距离依赖关系和无法并行计算等。Transformer 架构以出色的并行处理能力，彻底改变了数据处理方式，使我们可以在特定场景中使用 Transformer 高效应对庞大的数据集，这一优势在训练模型时尤为显著，它使得模型能在更大规模的数据集上进行学习。

Transformer 架构主要由编码器(Encoder)和解码器(Decoder)两大组件构成，如图 2.8 所示。编码器的功能是将输入序列映射到高维空间中连续表示，解码器负责将这些表示转换回输出序列。编码器和解码器内部均采用了多头自注意力机制和前馈神经网络。

多头自注意力机制使模型能够同时关注序列中不同位置的信息，能有效捕捉序列内部的依赖关系。前馈神经网络可进一步处理编码器的输出，增强了模型对复杂特征的表达能力。解码器在生成输出序列时，采用了相似的结构，并引入了

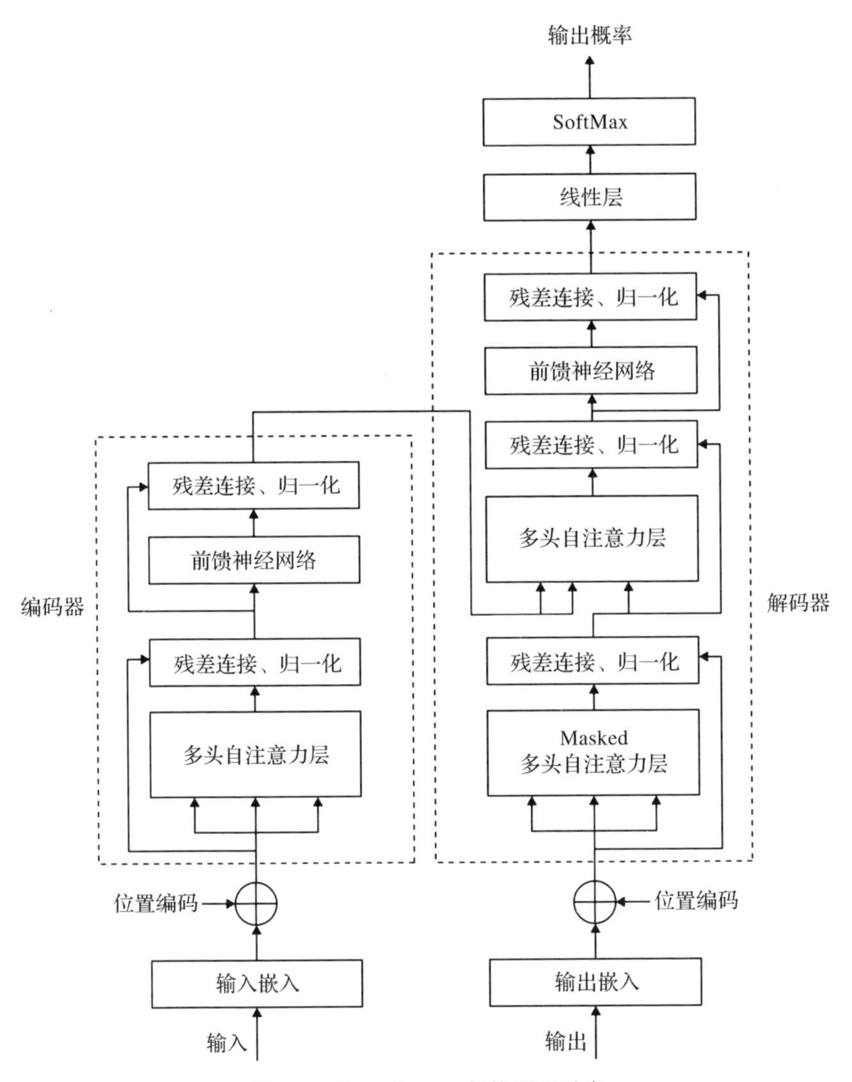

图 2.8　Transformer 架构原理示意

对编码器输出的注意力机制，以实现输入与输出序列间的信息关联。

在编码器和解码器的每个子层中，自注意力机制后通常会接一个前馈神经网络。这个网络由全连接层构成，目的是在保留位置信息的同时，对特征进行非线性变换，以增强模型的表达力。前馈神经网络可能包含一个或多个隐藏层，每层由多个神经元组成，以实现复杂的特征提取和转换。

此外，每个子层之后还会应用残差连接和归一化处理。残差连接有助于解决深层网络训练中的梯度消失问题，而归一化处理则可以调整神经元输入的分布，加快模型的收敛速度。

经过编码器和解码器的处理后，Transformer 架构通过一个线性层将输出映射到指定维度，随后通过 Softmax 层进行归一化，确保输出可以解释为概率分布。Softmax 层的引入使每个位置对其他位置的注意力权重不仅反映了其重要性，而且反映了所有位置的权重之和为 1，实现了概率分布的要求。通过这种设计，Transformer 模型不仅提高了对序列数据的处理效率，还增强了模型在自然语言处理等任务中的性能和泛化能力。

(b)多头自注意力机制

多头自注意力机制赋予了模型在处理序列的当前位置时，同时关注序列中其他位置信息的能力。多头自注意力机制通过评估输入序列中各个元素之间的相互关系，构建出一套细致的注意力权重矩阵。多头自注意力涉及将单一的注意力计算分散至多个不同的表示子空间，即所谓的“头”，每个头专注于捕获输入数据的不同语义特征，如图 2.9 所示。多头自注意力机制的计算流程可概括为以下几个步骤。

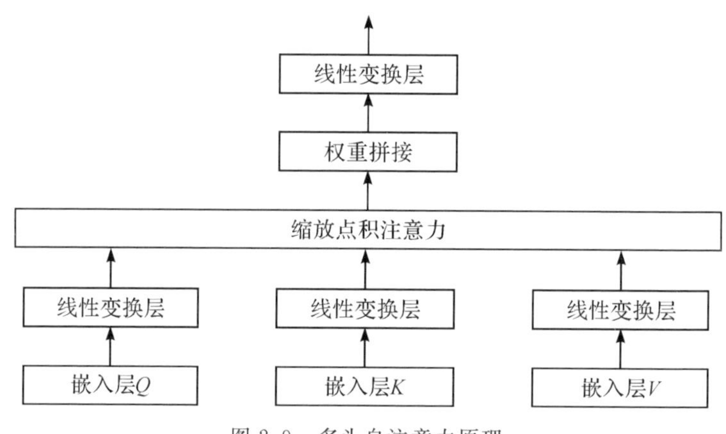

图 2.9 多头自注意力原理

- 嵌入层：输入序列的每个元素首先被映射到高维空间中用一个向量表示，这一步骤为模型提供了对输入数据的基础理解，类似于为每个元素赋予了一个独特的标识符。
- 线性变换层：每个元素的初始向量经过线性变换，生成多个表示子空间，每个子空间对应一个“头”。每个头独立地对数据进行分析，为后续的注意力计算奠定了基础。

• 缩放点积注意力：在每个头上独立执行缩放点积操作，以计算注意力权重。这种操作通过点积计算元素间的相似度，并引入缩放因子以控制权重的尺度，使模型能够更加敏感地捕捉元素间的细微差别。

• 权重拼接：各个头计算得到的注意力输出向量被拼接成一个新的长向量，这一步骤汇集了不同头所捕获的信息，为进一步的处理提供了丰富的语义内容。

• 线性变换层：对拼接后的向量进行线性变换，通过矩阵乘法等操作，生成最终的输出向量，这个向量将被用于后续的序列处理任务。

③预训练

预训练(Pre-Training)是一种使模型在面对具体任务之前进行知识积累和能力提升的方法。在这一阶段，模型利用大规模的语料库资源，通过无监督学习来吸收语言的基本规律和深层次知识。

其核心思想是通过广泛地接触语言数据，模型能够识别并内化语言的普遍模式和结构，包括但不限于语法规则、语义联系等。掌握这些基本规律赋予了模型更强大的自然语言理解和处理能力。

大语言模型的预训练过程通常包括以下几个关键步骤(见图 2.10)。

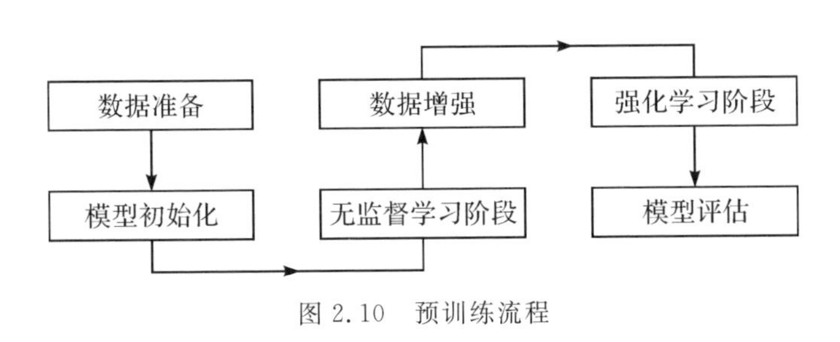

图 2.10　预训练流程

• 数据准备：广泛搜集文本数据，执行必要的数据清洗和预处理步骤，以保证数据的质量与标准化。

• 模型初始化：选择适当的深度学习框架(如 PyTorch 或 TensorFlow)，设定模型的初始参数，包括嵌入层的权重和 Transformer 架构的配置。

• 无监督学习阶段：利用丰富的文本资料，通过无监督学习让模型掌握语言的统计特性和语义内涵，常采用的任务有掩码语言模型(Masked Language Model，MLM)和下文预测(Next Sentence Prediction，NSP)。

• 数据增强：在预训练的基础上，通过文本替换、添加噪声等手段增加数据集的多样性，提升模型对新情境的适应性。

• 强化学习阶段：利用多样化的数据集，通过强化学习技术进一步优化模型表现,使用奖励机制来引导模型学习。

- 模型评估:在独立的验证集和测试集上对模型进行全面评估,采用准确率、召回率、F1 分数等指标来衡量模型性能,并根据反馈及时调整模型参数和训练策略,以实现更优的泛化和准确度。

④微调

微调是一种针对特定任务或数据集,优化预训练模型的技术,旨在通过进一步的训练,使模型能够更精准地适应特定的应用场景,从而提升模型任务执行的性能和精确度。

微调可以被视作在预训练模型的基础上进行定制化训练。微调可针对特定任务的标注数据,通过调整模型参数来最小化特定任务的损失函数。这一过程常依赖于反向传播算法和梯度下降等优化算法实现。大语言模型的微调流程通常包括以下几个步骤(见图 2.11)。

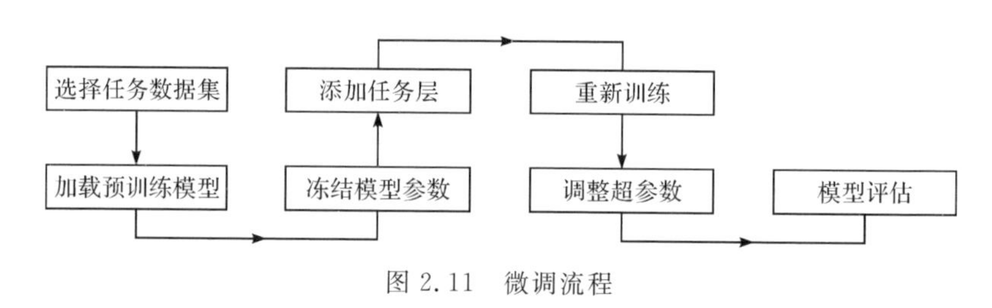

图 2.11 微调流程

- 选择任务数据集:选择与特定任务相关的训练数据集。这些数据应经过清洗数据和数据预处理,以确保模型能够正确地学习任务的语义和特征。
- 加载预训练模型:加载已经预训练好的模型参数。这个预训练模型通常是在大规模的文本数据集上训练得到的,可以作为微调的基础模型。
- 冻结模型参数:在加载预训练模型后,通常会冻结模型的参数,避免在微调过程中重新训练整个模型。
- 添加任务层:在预训练模型的顶部添加新的任务层。这些任务层通常是根据特定任务的需求设计的,如分类层、回归层等。这些任务层会根据任务的特性进行训练,以适应特定任务的需求。
- 重新训练:使用特定任务的数据集重新训练模型。在这个阶段,模型的参数会根据任务的损失函数进行更新。通常会使用反向传播算法来计算损失函数的梯度,并使用优化器来更新模型的参数。
- 调整超参数:在微调过程中,可以根据需要调整模型的超参数,如学习率、批量大小等。

• 模型评估：在微调的每个训练周期结束后，需要使用验证集评估模型的性能并评估结果以调整模型的超参数和优化算法，从而提高模型的性能和泛化能力。

2.2.2 人工智能技术应用

前面小节已经介绍了人工智能如何从理论概念转化为实际应用，从科研实验室走向人们的日常生活，本节将继续探究人工智能如何借助其技术优势，在多样化的领域中扮演关键角色，应对现实挑战，并引领未来发展的趋势。

技术进步是引发社会变革的关键因素，人工智能在其中扮演着至关重要的角色。无论是智能个人助理、自动驾驶技术，还是精准医疗和定制化教育，人工智能的触角已经延伸至人们生活的各个角落。人工智能不仅极大地提升了社会生产力，还为人类带来了前所未有的便捷性和创新可能性，如图 2.12 所示。

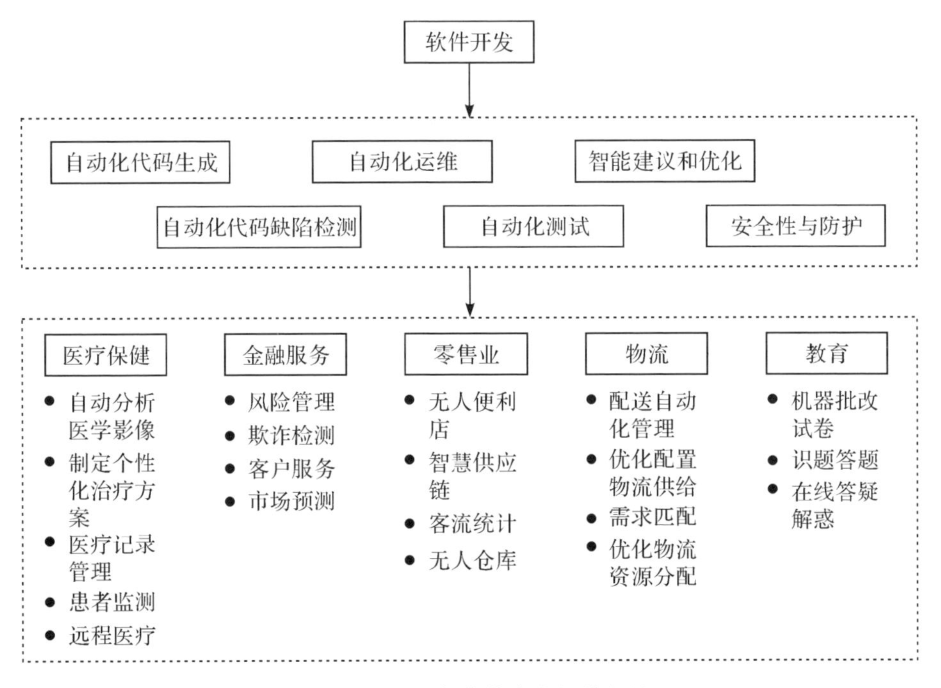

图 2.12　人工智能技术的相关应用

• 医疗保健：在疾病诊断和筛查方面，AI 能够自动分析医学影像，帮助医生更准确地诊断疾病。同时，可根据患者的基因组数据和医疗历史来制定个性化的治疗方案。

• 金融服务:金融机构利用机器学习模型来预测信用风险、识别潜在的市场波动并检测操作风险。同时,可通过分析交易模式和客户行为来发现欺诈行为。

• 零售业:人工智能的应用包括无人便利店、智慧供应链、客流统计和无人仓库等。人工智能使得商品分拣、运输、出库和收银等环节实现了自动化。

• 物流:人工智能通过智能搜索、计算机视觉、智能规划等技术对货品的存储、运输和配送进行自动化管理,优化配置物流供给、需求匹配、优化物流资源分配等,大大提高了物流行业的效率和便利性。

• 教育:人工智能的应用包括图像识别、语音识别、人机交互等,可以用于机器批改试卷、识题答题、在线答疑解惑等,推动了教育的智能化发展,显著提高学生的学习效率。

• 软件开发:人工智能技术给软件开发领域带来了巨大的变化,在代码生成、代码缺陷检测、软件测试、软件运维、安全性防护等方面发挥着重要作用。

(a)自动化代码生成:人工智能可以精准解析开发人员的需求,并自动生成满足这些需求的代码。这种智能化的代码生成过程不仅显著加快了软件开发的周期,还提高了代码的一致性与质量标准,大幅减轻了开发人员在编写重复性代码时的工作量。

(b)自动化代码缺陷检测:通过深度分析代码库和系统运行时的数据,人工智能可以洞察并评估潜在的编程缺陷与安全漏洞,这样不仅增强了软件的鲁棒性,还显著提升了系统的安全性,有效降低了人为因素导致的安全风险。

(c)软件智能测试:人工智能技术能够模拟用户的各种交互行为,自动执行测试脚本,对软件在多样化的使用场景下的表现进行全面评估。此外,人工智能还能通过机器学习算法,从历史测试数据中学习,不断优化测试策略和测试用例,提高测试的针对性和有效性。这种智能测试方法不仅加速了测试流程,还显著提升了测试的覆盖率,确保了软件在功能、性能和安全性方面进行了全面检测。

(d)软件智能运维:人工智能在运维领域的应用包括但不限于性能指标的实时跟踪、异常模式的快速识别、自动化故障排除和修复建议的生成。这些能力使运维团队能够从落后的人工监控任务中解放出来,提高软件运维的实时性和准确性。

(e)软件安全性防护:人工智能技术的集成极大地强化了软件系统的安全防护。通过自动化执行安全测试,人工智能能够识别潜在的软件安全漏洞,并提供相应的修复建议。此外,在软件运行过程中,人工智能驱动的入侵检测系统能够实时监控异常行为,及时响应各种威胁,有效防范各种安全攻击。

参考文献

[1] 邵磊,戊子,林熠,等.低代码引擎技术白皮书[EB/OL].(2022-02-16)[2024-01-30]. https://developer.aliyun.com/ebook/7507/38517?spm=a2c6h.26392459.ebook-detail.4.5ade4999M81yVg.

[2] 陈玉琨,汤晓鸥.人工智能基础[M].上海:华东师范大学出版社,2018.

[3] 周志华.机器学习[M].北京:清华大学出版社,2016.

[4] 古德费洛,本吉奥,库维尔.深度学习[M].北京:人民邮电出版社,2017.

[5] Vaswani A, Shazeer N, Parmar N, et al. Attention is all you need[J]. Advances in Neural Information Processing Systems,2017(30):5998-6008.

第3章　AI加速低代码应用开发

3.1　AI加速低代码应用智能生成

人工智能在低代码应用程序生成方面(包括代码生成、界面设计、数据模型和数据库设计、业务逻辑生成等方面)能够显著提升开发效率,如图3.1所示。

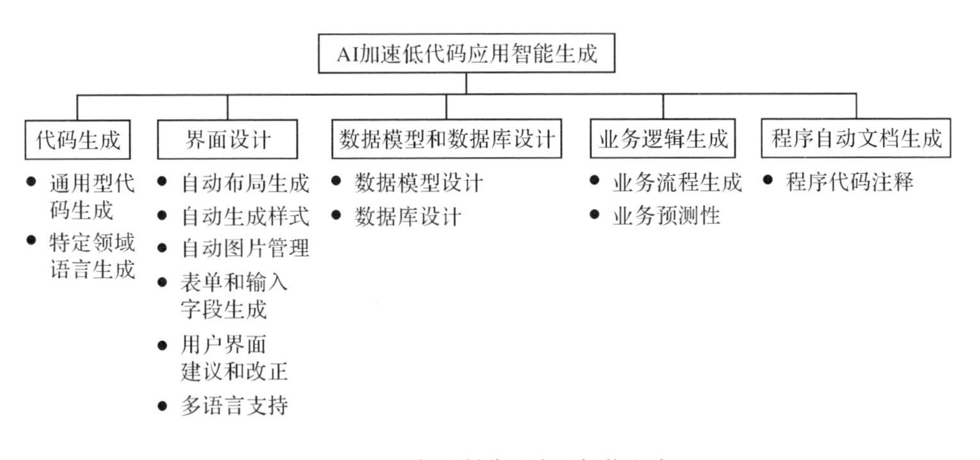

图3.1　AI加速低代码应用智能生成

人工智能辅助低代码应用智能生成,不仅能够极大地提高开发效率,还能释放开发人员的创造力。因为低代码开发者不用再被困于烦琐又重复的任务中,而是能够将更多时间和精力投入设计创新性功能和解决复杂问题上。这种转变有助于推动软件开发领域的快速发展,开发出更多令人振奋的产品和项目。

3.1.1 代码生成

生成式人工智能(AI-Generated Content, AIGC)是一种基于深度学习和自然语言处理技术的人工智能应用。其主要目标是利用先进的算法和模型,通过学习大规模的数据集和代码库,使计算机能够自动生成代码、文本或其他创造性内容。

AIGC能够显著提高开发效率并减轻低代码开发人员的编码负担。在传统的软件开发领域,开发人员通常需要花费大量的时间和精力来编写与维护代码,这样不仅费时费力,还容易引发错误和缺陷。而生成式人工智能可以基于已有的代码库和最佳实践,自动生成常见的代码片段、函数或算法,极大地提高了开发效率和代码质量。AIGC模型的出现令开发人员能够更快速、更高效地完成低代码开发任务。

(1)传统低代码开发的介绍以及缺点

传统的低代码开发平台虽然简化了应用程序的开发过程,但仍然需要开发人员手动编写大量代码。低代码开发平台提供了一些可重用的组件和模块,但在应用程序的特定需求方面仍有一定的局限性。传统低代码开发的缺点包括以下几点。

(a)高成本

传统低代码开发平台的预定义组件和模块在满足通用需求时非常有用,但当应用程序需要特殊的定制功能时,开发人员不得不投入大量的时间和工作量来编写自定义代码,以填补低代码开发平台的不足之处。这不仅增加了开发工程的时间成本,还可能增加代码的复杂性和维护难度,这些自定义的代码往往涉及复杂的算法、集成外部服务或实现高级数据处理逻辑,对低代码开发人员的要求也比较高。

(b)代码质量不一

传统低代码开发平台的代码生成通常是基于一组通用的模板和规则。虽然这些模板和规则可以加速开发过程,但它们不一定能够生成符合最佳编码实践的代码。比如一旦平台的代码存在内存泄露的问题,则会导致开发出来的功能存在性能隐患。同时,通过传统低代码开发平台生成的代码可能缺乏清晰的结构和文档,因此应用程序的可维护性可能会受到影响。所以当需要对应用程序进行更新或添加新功能时,开发人员会遇到更大的挑战,因为他们必须处理复杂、难以理解的代码。

(c)依赖开发人员技能

传统低代码开发平台旨在降低编码门槛,但它们仍然依赖于开发人员具备一定的编程技能。在某些情况下,开发人员仍需要深入了解编程概念和技能,以便在需要时进行代码扩展和定制。这一依赖性对于非技术背景的用户仍然是一项挑战。在使用低代码开发平台时,对于完全没有编程背景的用户来说,学习如何使用平台和理解编程概念也需要一定的时间和精力。他们可能需要依赖技术支持来完成某些任务,包括请教技术专家或招聘开发人员来协助完成特定的编码工作。这样势必会增加开发项目的成本和时间。

(2)AIGC 在代码生成方面的优势

相比于传统低代码开发,AIGC 在代码生成方面具有显著的优势,主要表现在以下几个方面。

(a)自动化代码生成

AIGC 能够基于已有的代码库,自动生成常见的代码片段、函数或算法。开发人员只需提供基本的输入,AIGC 就能生成高质量的代码,减少了烦琐的手动编写工作。

(b)提高代码模块化程度

AIGC 不仅可以生成代码片段,还可以生成完整的函数、方法或模块。这有助于提高代码的模块化程度,使开发人员能够更容易地复用和维护代码。

(c)快速响应变化

AIGC 具有适应性和灵活性,可以根据开发人员的需求和输入来生成代码。这意味着开发人员可以更快速地响应需求变化或客户反馈,而不必担心代码的烦琐修改,有助于加快应用程序的迭代和更新速度。

(d)提高代码质量

除了提高开发效率外,AIGC 还能够确保代码质量的提升。AIGC 是基于最佳实践和大量实际案例进行训练的,它能够理解开发人员的需求并提供符合规范和标准的代码。这有助于提高代码的稳定性和可靠性。同时,生成的代码也更容易进行代码审查和测试,确保了质量。

3.1.2 界面设计

(1)界面设计的重要性

界面设计在现代应用程序和网站开发中扮演着至关重要的角色,它是用户与应用程序的第一个接触点,决定了用户体验的质量。通过考虑用户的需求和心理,界面设计可以确保用户轻松找到所需的功能和信息,而不会感到迷失或不满意。一个精心设计的界面能够使用户感到舒适、愉悦,并且容易上手。界面设计应该能够简化用户与应用程序之间的互动,减少混淆和困惑,从而提高用户的满意度。

界面设计对应用程序的成功至关重要。一个吸引人的界面可以吸引更多的用户,促使他们留下并频繁使用该应用程序。界面设计可以增加用户黏性和忠诚度,进而带来更多的用户和收入。

界面设计与品牌形象和专业性也密切相关。一个精美的界面可以传达出品牌的价值观和形象,增强用户对应用程序的信任感。

(2)AI 赋能界面设计

生成式人工智能不仅在代码生成中有着优秀的表现,在用户界面设计方面也能发挥重要作用。用户界面对于软件产品的成功至关重要,然而设计好的界面并不容易。生成式人工智能可以通过分析用户需求、行业设计标准和最佳实践,自动生成用户友好、响应式的界面设计。开发人员只需提供必要的输入,人工智能就能够生成高度可定制的用户界面模板,大大提高了用户体验感和开发效率。

人工智能可以理解用户的需求并将其转化为符合用户使用的界面设计。这一功能不只限于简单的界面元素,还包括创建表单、按钮、菜单等各种交互元素,以及确定它们的布局和交互方式等。

在这个过程中,人工智能会通过深度学习和自然语言处理技术,分析用户提供的信息和需求,从而生成原型和设计。这意味着开发人员不再需要从零开始设计和构建界面,而是可以依赖人工智能来快速生成令人满意的用户界面。

依赖人工智能的界面生成不仅节省了时间,还提高了用户界面的一致性和质量。生成的界面不仅符合用户需求,还遵循最佳实践和设计原则。此外,生成式界面设计可以帮助开发人员快速迭代和调整界面,以适应不断变化的用户需求。

自动界面生成的核心流程如图 3.2 所示。

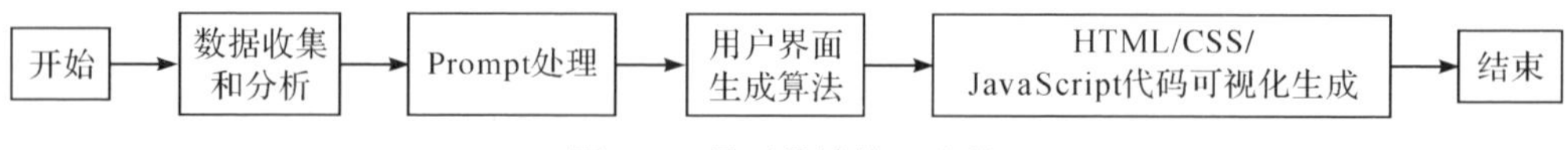

图 3.2　界面设计核心流程

①数据收集和分析:通过大量的界面数据对 AI 模型进行训练,AI 能够利用 NLP 技术深入理解用户输入的各种形式,从中提取关键信息,分析用户需求、业务规则以及与界面设计相关的数据。数据包括用户输入、数据模型、交互需求等。

这些数据将作为生成界面的基础。

②Prompt处理：使用自然语言处理技术来理解用户提供的自然语言描述。NLP可以将用户的需求转化为机器可理解的数据结构，以便进一步处理。

③用户界面生成算法：用大量的前端代码进行训练或者对大型预训练模型进行少量数据的微调，能够得到用户界面生成的算法和模型，再基于用户需求生成用户界面的原型和设计。这些算法包括基于Transformer架构的预训练模型、卷积神经网络、目标检测，甚至是需要在子任务领域进行训练后的领域模型。

④可视化生成：将生成的界面设计可视化，通常以图像或HTML/CSS/JavaScript代码的形式呈现。可以通过使用模板、组件库或自动生成的代码来完成。

(3)前景与挑战

人工智能在界面设计领域展现出了令人瞩目的前景，然而也伴随着一系列挑战。随着现代大型语言模型的崛起，人工智能在界面设计中扮演着越来越关键的角色。人工智能具备理解自然语言的强大能力，使用户能够以更自然的方式与界面进行交互，极大地提升了用户体验。

人工智能在界面设计时将加速用户与技术之间的沟通。智能界面将更加贴近用户的需求。通过深度学习和语义分析，人工智能能够准确解读用户意图，实现更个性化、智能化的界面呈现。这将为用户提供更直观、高效的操作体验，使界面设计变得更加普及和亲近。

然而，人工智能在界面设计上也面临一系列挑战。首先，语言的复杂性和多义性使准确理解用户意图变得复杂，因此需要更先进的自然语言处理技术。其次，用户隐私和数据安全成为重要问题，需要在提升个性化服务的同时，保障用户信息的安全性。此外，AI生成的设计是否符合审美和创意要求，也是一个需要不断探索和解决的难题。

在克服这些挑战的过程中，跨学科合作将更为重要。这不仅需要人工智能方面的专家，还需要设计师、工程师和伦理学家的共同努力，以确保人工智能在界面设计中的应用更为全面、稳健、符合人性化原则。尽管前路充满挑战，但随着技术的不断进步，我们有信心解决这些问题，共同创造出更具创新性和人性化的界面设计。

3.1.3 数据模型和数据库设计

(1)数据模型和数据库设计的重要性

在低代码开发领域，数据模型和数据库设计扮演着不可或缺的角色，重要性不可低估。它们是确保低代码开发平台成功和高质量应用程序的关键因素。

(a)数据模型:数据模型在低代码开发中具有重要地位。它为开发人员提供了应用程序所需的数据结构和关系的蓝图。通过定义实体、属性和关系,数据模型能帮助开发者清晰地了解数据的结构和如何相互关联。这不仅有助于数据的一致性和完整性,还确保了应用程序的可扩展性。合理构建的数据模型可以降低后续维护和扩展的复杂性,提高应用程序的可维护性。

(b)数据库设计:数据库设计是低代码开发中的关键环节。数据库是软件开发的持久化层,因此其设计必须精确、高效且可扩展。合适的数据库设计可以确保数据的快速检索和存储,并最大程度地减少性能问题出现的可能性。此外,数据库的安全性也很重要,因为它承载了敏感的用户信息和业务数据。一个合格的数据库设计应该包括访问控制、数据加密和备份策略等,它们可确保数据的机密性和可用性。

精心规划的数据模型和数据库设计是确保应用程序成功的关键要素。数据模型作为应用程序数据结构和关系的抽象描述,不仅有助于确保数据的一致性和完整性,还能确保应用程序的可扩展性,为未来的发展奠定坚实基础。

数据库设计则是数据模型的具体实现,需将抽象的数据模型转化为具体的数据库结构。通过选择合适的数据库引擎、定义表结构、设置索引等,数据库设计不仅实现了数据模型的要求,还关注了数据库的性能、安全性和可维护性。一个合理设计的数据库能够提供高效的数据存储和检索,最大程度地减少性能问题的发生,确保敏感数据的安全性。数据模型和数据库设计不仅是项目成功的保障,更是构建高质量应用程序的不可或缺的步骤。

(2)传统方法遇到的挑战

在传统低代码开发中,数据模型和数据库设计面临着一系列挑战,这些挑战会直接影响开发者的工作流程和应用程序的质量。以下是其中的一些主要挑战。

(a)复杂性问题:传统低代码开发要求开发者手动设计和管理数据模型,这可能涉及复杂的数据关系、多层次的数据结构和大量字段。这种复杂性使得数据模型的设计变得烦琐且容易出错,因为开发者必须精确地考虑数据的结构性和关联性。

(b)性能和扩展性需求:数据库性能和扩展性的需求在不断增加,但开发者可能缺乏专业的数据库设计知识。这可能导致潜在的性能问题和不合理的数据库结构,进而影响了应用程序的响应时间和可伸缩性。

(c)安全性挑战:数据库的安全性日益重要,要确保用户数据得到充分的保护则需要有合适的访问控制和数据加密策略。这对于非专业的数据库设计者来说，可能是一项挑战。

总之，传统低代码开发中的数据模型和数据库设计涉及复杂性、性能和安全性等一系列挑战。开发者要想克服这些挑战，需要具备广泛的技术知识和专业的数据库设计技能，确保最终的应用程序能够具备高质量、高性能和可维护性。因此，在传统低代码开发项目中，合适的工具支持对解决这些挑战至关重要。

(3)AI赋能数据模型和设计库设计

通过分析应用程序的功能和数据需求，人工智能可以自动生成数据模型和数据库架构，包括表、字段、关系和数据访问层的自动生成。人工智能能够让数据模型和设计库设计任务变得更加高效和智能。主要体现在以下几个方面。

(a)数据需求分析：人工智能可以通过分析应用程序的功能和数据需求，理解用户的输入和输出，以及数据之间的关系。这一分析不仅仅局限于表面层面，还可以深入挖掘应用程序的本质，以确保数据模型满足真正的业务需求。

(b)表和字段生成：基于分析结果，人工智能能够自动生成数据库中的表格和字段。人工智能能够合理地确定每个字段的数据类型、约束条件以及唯一性要求，甚至能够生成表间关联字段（外键）、表主键、唯一索引等信息，从而确保数据的完整性和一致性。

(c)关系建立：数据库中的表格通常需要建立关系以满足应用程序的需求。人工智能可以自动检测和建立表格之间的关系，包括一对一、一对多、多对多等多种关系类型。这使数据访问更加高效和准确。

(d)数据访问层生成：数据库设计的一部分是创建用于访问数据的数据访问层。人工智能可以生成查询语言（如SQL）或者对象关系映射（Object Relational Mapping，ORM）代码，使开发人员可以轻松地与数据库交互，无需手动编写复杂的数据库操作代码。

(e)数据加密与隐私保护：人工智能可用于优化数据加密策略，保护数据的机密性。在数据模型和数据库设计中，人工智能还可以帮助识别敏感信息，自动应用合适的加密算法，防止数据泄露。

人工智能在数据模型和数据库设计方面的功能正在推动数据库设计领域迈向全新的时代，利用人工智能实现数据模型和数据库的设计具有自动化能力，且同时具有高效性。短时间内完成复杂的数据库设计任务，既减轻了开发人员的负担，又降低了出错的风险。此外，人工智能还能够适应变化的需求，快速地更新数据库架构，以满足新的业务要求。

3.1.4 业务逻辑生成

(1)业务逻辑在应用程序开发中的重要性

在应用程序开发中,业务逻辑一直是不可或缺的要素,其在确保应用程序成功、用户满意度和持续增长方面发挥着关键作用。以下是业务逻辑在应用程序开发中几点重要性体现。

更好地实现业务目标:业务逻辑是应用程序的核心,负责实现和支持业务目标和需求。通过准确地建模和实现业务逻辑,开发者能够确保应用程序有效满足组织的战略目标和客户需求。无论是在线购物应用、金融管理工具还是医疗保健系统,业务逻辑都是将理念转化为实际功能的桥梁。

用户体验优化:业务逻辑直接影响用户体验。通过合理的业务流程和逻辑,应用程序可以确保用户可以轻松地完成任务,减少用户的困惑和不满。良好的业务逻辑可以提高应用程序的用户友好性,增加用户满意度和忠诚度。

数据处理和决策支持:应用程序通常需要处理大量的数据,以支持业务运营和决策制定。业务逻辑负责处理、分析和提供数据包括数据的采集、存储、处理和呈现,以便用户和组织能够做出明智的决策。结构化的保存能够更好地提取出数据的关键信息,使得这些数据成为有用的信息。

系统整合:在现代应用程序开发中,往往需要集成多个系统和服务。业务逻辑充当了这些不同组件之间的黏合剂,需确保它们协同工作以实现预期的功能和价值。可以合理地设计上下游的系统交互逻辑,通过一些时序图、流程图等形式,让不同的系统无缝地交互,提供一致的用户体验。

可维护性和扩展性:优秀的业务逻辑设计考虑到了应用程序的可维护性和扩展性。它使将来的更改和增强变得更加容易,不会引入非必要的复杂性。这对于应对不断变化的业务需求和技术趋势至关重要。

业务逻辑是应用程序开发的不可或缺的引擎,承载着多重重要任务。它不仅是实现业务目标和用户需求的核心,更是用户体验的优化者。通过巧妙的业务流程和业务逻辑,用户能够轻松完成任务,提高满意度和忠诚度。

(2)传统方法面临的挑战

传统低代码方法在处理复杂业务逻辑时常常面临一系列挑战和问题,这些问题可能影响应用程序的质量和可维护性。以下是传统低代码方法在面对复杂业务逻辑时可能遇到的问题。

复杂性处理:在低代码开发平台上进行可视化建模时,复杂业务逻辑中包含的多个条件、规则和工作流程会使建模变得复杂。传统低代码工具的界面和逻辑图可能无法清晰地呈现复杂业务规则,导致开发者难以理解和维护。例如,随着条件和规则的增加,可视化界面可能变得混乱难懂,降低了开发效率。

限制性模型:传统低代码开发平台通常基于特定的模型和范例,这可能限制了开发者在处理复杂业务逻辑时的灵活性。业务规则可能超出了平台所提供的模型的范围,迫使开发者使用非标准的解决方案,从而导致代码混乱和难以维护。例如,某些业务规则可能无法简单地映射到平台提供的模型中,导致开发者需要采用不够优雅的解决方案。

集成复杂性:复杂业务逻辑通常需要与多个系统和服务进行集成。传统低代码方法在处理这些集成时可能面临挑战,因为它们可能缺乏强大的集成工具和接口,导致集成过程变得烦琐和耗时。例如,在缺乏灵活集成工具的情况下,开发者可能需要手动处理复杂的数据流和通信,增加了错误和集成难度。

缺乏编程控制:传统低代码开发平台通常鼓励无代码或低代码的开发方法,但对于处理一些复杂的业务逻辑可能不够灵活。开发者可能需要更多的编程控制来实现复杂的算法或自定义业务规则,但传统低代码方法可能限制了这方面的自由。例如,某些高度自定义的业务规则可能需要更底层的编程支持,而低代码开发平台可能无法提供足够的灵活性。

性能问题:复杂业务逻辑可能导致性能问题,特别是在大规模数据处理和复杂计算时。传统低代码开发平台可能无法优化处理复杂逻辑的速度和效率,从而导致响应时间延长或系统崩溃。例如,平台生成的代码可能不够高效,导致性能瓶颈。

可维护性困难:复杂业务逻辑可能导致应用程序的可维护性下降。在传统低代码开发中,随着业务规则的增加,代码库可能变得杂乱和难以管理,增加了后续维护和扩展的难度。例如,缺乏清晰的代码组织结构和文档可能导致开发者在理解与修改现有规则时遇到困难。

传统低代码方法在处理复杂业务逻辑时可能会面临复杂性处理、模型限制、集成复杂性、编程控制不足、性能问题和可维护性困难等一系列问题。这些问题可能影响应用程序的质量、性能和可维护性,因此在选择低代码开发方法时,需要仔细考虑业务逻辑的复杂性和特点,以确定是否需要更灵活、强大的开发工具来应对这些挑战。

(3)AI赋能自动业务逻辑生成

AI在业务逻辑生成方面的功能令人瞩目。它能够根据用户的需求和描述,自动分析并理解所需的功能模块,同时基于用户定义的规则和流程,将这些功能模块组织成合理的业务逻辑。这一过程包括以下几个重要功能。

需求理解:AI能够分析用户提供的自然语言描述,并将其转化为机器可理解的数据结构。这使用户需求变得清晰可见,为后续的逻辑生成提供了坚实的基础。

功能模块识别:AI能够识别用户需求中涉及的不同功能模块,确定它们之间的依赖关系和交互方式。这有助于构建清晰而完备的功能集合。

业务规则和流程定义:AI可以根据用户的要求,自动生成业务规则和流程,以确保应用程序的功能符合需求。这包括规则引擎的生成,使得应用程序能够根据不同情境做出智能决策。

工作流程生成:AI可以自动生成工作流程,帮助协调不同功能模块的执行顺序。这有助于提高业务过程的流畅性和效率。

AI通过深度分析用户需求,智能地提取所需的基础数据。随后,系统将识别出这一功能需求中涉及的各个模块,并结合通过需求生成的数据结构,合理生成每个模块所需的基础数据。接下来,AI会详细分析每个功能模块的具体业务以及相关步骤,智能地生成符合要求的功能流程。这一过程将以工作流或流程图的形式清晰呈现,使用户能够直观地理解整个功能的实现方式。AI通过这种综合的智能逻辑,大幅提升了功能需求分析和实现的效率,为用户提供更为智能和便捷的开发体验。未来,随着AI技术的不断演进,业务逻辑生成将迎来更大的发展机遇。

(4)AI赋能业务预测性分析

AI不仅在需求逻辑业务梳理上有重要的作用,同时还具有敏锐的预测能力。在当今的商业环境中,预测性分析已经成为一项不可或缺的战略工具,它赋予企业洞察未来的能力,有助于企业做出明智的决策。机器学习算法是实现预测性业务逻辑的关键工具,它们能够基于历史数据,自动学习和识别潜在的趋势和模式,为企业提供了前所未有的见解和价值。

机器学习算法能够利用大量的历史数据来构建预测模型。这些模型可以根据过去的经验,自动发现数据中的关联性和规律性,从而实现对未来事件和趋势的预测。机器学习在预测性业务逻辑方面展现出了卓越的能力,无论是对销售趋势、市场需求还是对客户行为的分析。其准确和可靠的预测性能,使业务决策更具前瞻性。随着AI模型性能的不断提高,我们可以期待模型准确率的持续提升,为业务决策提供更可靠的依据。这种趋势表明,机器学习在业务领域的应用将持续成为解决复杂问题和提升决策质量的有力工具。

机器学习算法具备灵活性和适应性。它们能够自动调整模型参数来适应数据中的变化和不断演变的业务环境。这意味着即使在面对新的数据和情境时,机器学习模型仍然能够提供准确的预测,为企业提供实时的洞察和决策支持。

机器学习算法能够处理大规模和高维度的数据,这对于现代企业来说尤为重要。它们能够从海量数据中提取有价值的信息,帮助企业发现隐藏在数据背后的宝贵见解。这种能力不仅可用于预测销售额、库存需求等业务指标,还可应用于风险管理、客户服务优化等多个领域。

机器学习的预测性功能应用是全领域的,它的预测性能力能够使开发人员在设计产品架构的时候,考虑更加全面、设计更加合理。低代码开发平台往往能够孵化出各个领域的产品,从市场预测到供应链优化,从金融风险管理到医疗诊断。机器学习算法在各个行业都发挥着关键作用。

目前,机器学习算法为企业提供了强大的工具,我们有理由相信,在不久的将来,AI 将在更广泛的领域中发挥重要作用。AI 可通过多渠道收集丰富数据,进行深度数据分析,并构建高效的预测模型,以捕获市场中未知的需求。这种先进的方式不仅能够更全面地了解用户行为和市场趋势,还能够在大数据背景下,更准确地预测未来的市场动向。这种方法的广泛应用将使企业在面对激烈的市场竞争时能够更具前瞻性地满足消费者的需求,为业务的可持续发展提供强有力的支持。

3.2 AI 优化配置低代码组件

3.2.1 背景介绍

在现代软件开发中,AI 优化配置低代码组件扮演着关键的角色。随着业务需求的多样化,开发者常常需要构建各种不同功能的应用程序。传统的手工配置方式效率低下,容易出现错误,且需耗费大量时间。而低代码开发的理念是通过简化和抽象,让开发者用更少的代码实现更多的功能。AI 优化配置低代码组件是低代码开发的核心,它使开发者能够通过可视化界面,轻松地选择、组合和配置各种组件,而不需要拥有深厚的编码能力。这种灵活性和高效性使得配置低代码组件在现代软件开发中显得愈发重要。

(1)传统配置方式的困境

不同的组件可能拥有复杂的属性和行为,如何将这些属性正确地配置成一个符合需求的组件是一个具有挑战性的任务,在低代码组件传统的配置方式是开发人员手动配置的情况下,配置难度较大。

配置的困难主要体现在以下几个方面。

- 组件数量庞大。手工一个个配置极为耗时费力。
- 场景多样。不同的组件和页面场景需要不同的配置方案。缺乏智能化推荐,开发者很难设计出最优配置。同一组件在不同页面中的最佳配置也不尽相同。
- 依赖约束。组件之间存在复杂的依赖和约束关系,如修改了某组件的属性,会影响其他关联组件的配置。手工追踪这些依赖非常困难。
- 试错成本高。配置错误难以避免,且调试周期长。手工配置容易出现各类错误,发现和修正错误需要重复调试,严重影响效率。
- 知识无法复用。无法积累和复用配置知识。手工配置缺乏知识的系统性积累,同类型配置无法重用,每次配置又得从零开始。

(2)AI 优化配置低代码组件

AI 可实现低代码组件的智能化、自动化配置,以提高组件配置的效率和质量。其核心思路可以概括如下。

- 收集大量真实的低代码界面开发需求描述。
- 使用已有的 AI 模型(如大语言模型)处理需求,生成配置操作。
- 利用生成的配置操作对组件进行配置。

利用 AI 技术配置低代码组件,主要具有以下几个优势。

- 大幅提升配置效率。AI 可以批量自动配置大量组件,避免重复劳动。
- 提供智能化的组件推荐。根据场景需求、最佳实践、用户偏好等智能推荐最优配置方案。
- 辅助处理组件间的依赖关系。通过 AI 分析组件间依赖,实现对关联组件的串联配置。
- 减少配置错误。利用知识图谱检查配置与场景、最佳实践的符合性,降低错误率。
- 收集和复用配置知识。持续优化知识图谱,将配置知识进行可复用的形式化表示。

3.2.2 组件配置流程

在现代软件开发中,低代码组件的使用已经成为提高开发效率和降低开发难度的重要手段之一。然而，即便是低代码，用户仍需要通过自然语言来描述他们的需求，这就需要将自然语言转化为机器能够理解的配置项。同时，为了确保生成的组件能满足用户期望，需要经过多轮的人工审核和调整。下面详细探讨如何利用AI技术来加速配置低代码组件流程，并以一个实际的在线商城应用为例进行说明。其配置流程如图3.3所示。

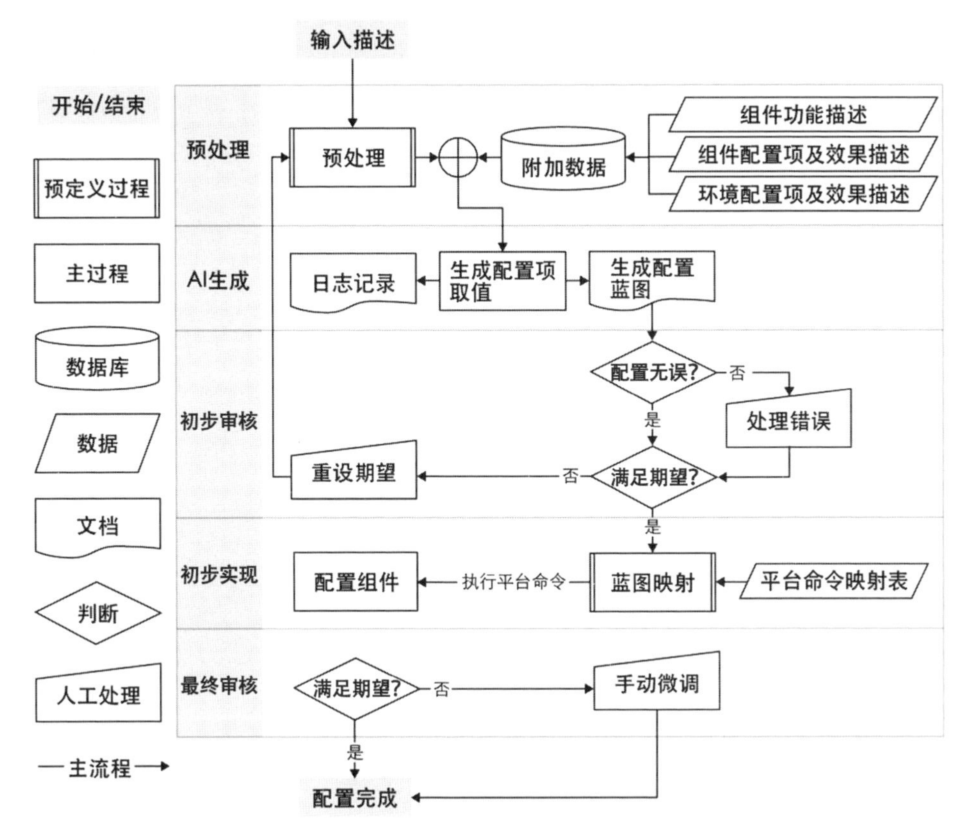

图3.3 AI优化低代码组件配置-通用配置流程

(1)预处理

在预处理阶段，用户提供的自然语言描述需要被转化为AI模型可以理解和处理的描述，即使用自然语言处理技术将描述转化为结构化的数据，去除冗余词汇，提取出关键信息。通过这种方式，可以得到一个清晰的需求描述，具体如下。

- 文本分析和词法分析。首先，使用自然语言处理技术进行文本分析和词法分析。在这一步骤中，文本会被拆分成句子，句子会被拆分成单词。冗余词汇(如冠词、连接词等)通常被去除，剩余的单词则被进一步处理。

- 实体识别。在这一步骤中,识别文本中的实体,如人名、地点、时间等。实体识别有助于确定描述中的主体和关键信息。例如,在描述“创建一个在线图书商城应用”的时候,“在线图书商城应用”被识别为一个实体,表示用户需求。

- 关系抽取。在这一步骤中,确定文本中的关系,如动作、属性等。通过分析文本,确定用户需求中的动作(如创建、展示、管理、支付等)以及属性(如图书、购物车、支付方式等)。这有助于进一步细化需求描述。

- 确定功能模块。在这一步骤中,将从描述中提取的关键动作和属性数据映射到具体的功能模块。例如,在描述“创建一个在线图书商城应用”的时候,可以确定需要开发的功能模块为“应用创建模块”。

- 确定操作和效果。基于关系抽取的结果,可以确定每个功能模块的具体操作和期望效果。例如,在“购物车管理”模块中,“添加商品”是一个操作,而“实时更新购物车内容和总价”是一个期望效果。

(2)AI 生成

在 AI 生成阶段,通过深入分析用户提供的自然语言描述,将抽象的需求转化为具体的组件配置项和蓝图。这个过程涉及以下几个关键步骤,确保了生成的组件既能符合用户期望,又能与其他组件无缝集成。

首先,AI 模型会解析用户描述中的关键词汇和需求。例如,在描述“商品展示”的时候,大模型会先识别出关键词“商品数据接口”和“展示布局”,然后根据这些关键词生成具体的配置项取值,如选择一个特定的 API 用于获取商品数据,以及定义网页上商品展示的布局方式。这个过程需要考虑到用户的描述,同时结合组件预设的标准配置项,确保生成的配置项具备可操作性和实现性。

将组件配置项、生成的配置项取值和对应效果描述等信息结合,形成一个详细的列表蓝图。这个列表蓝图提供了对组件的具体定义,以及每个配置项在实际应用中的作用,确保了开发人员了解如何将需求转化为具体的系统实现。在生成配置蓝图时,大模型不仅会考虑到单个组件的配置,还会考虑不同组件之间的交互关系。例如,在一个电商应用中,商品展示组件需要与购物车和支付功能进行无缝集成。因此,配置蓝图中会包含这些组件之间的接口和通信方式,以确保用户在查看商品时能够方便地将商品加入购物车,并在需要时进行支付操作。

在整个生成过程中,大模型会记录每个步骤的详细信息,包括生成的配置项和效果描述。这些日志记录对于后续的审查和调试非常有用。例如,用户后来修改了需求,开发团队可以查阅日志记录了解生成配置项的变化,从而及时调整配置,确保了灵活性和可维护性。

通过以上步骤，AI生成的配置项和蓝图不仅具备了用户期望的功能，还保证了组件之间的协作性和一致性。此外，大模型的日志记录也为开发团队提供了宝贵的参考，帮助他们更好地理解大模型对配置的生成过程，确保了最终交付的组件满足用户的需求。

(3)初步审核

在初步审核阶段，无论是由人工还是AI模型执行，都是确保生成的配置与用户需求相符的关键环节。这一过程主要分为错误检查、错误处理、期望评估和期望重设四个关键步骤。

- 初步审核的第一步是仔细检查生成的配置项和配置蓝图，确保其语法、格式等方面没有错误，包括检查接口路径、配置项的数据类型、逻辑关系等。错误检查的目的是确保配置的合法性，以及避免在后续开发和实施中出现基础性的问题。
- 如果在错误检查中发现了错误，初步审核阶段需要立即进行错误处理。错误处理包括修改配置项取值、更改接口路径或者调整组件间的交互逻辑。错误处理的目的是快速修复发现的问题，确保生成的配置在技术上是可行的。
- 一旦确认生成的配置项没有语法错误，就进入期望评估阶段。在这一步骤中，人工或AI模型将配置与用户的期望进行详细对比。这不仅包括配置项的具体数值，还包括组件的外观、交互、性能等多个方面。评估的目的是确保配置项的效果符合用户的期望。
- 如果在期望评估中发现配置不符合用户期望，则需要进入期望重设步骤。这个阶段可能需要与用户重新沟通，明确用户需求的具体细节，以便更准确地将客户需求转化为配置项。这个过程包括重新定义接口需求、明确交互行为或者调整性能要求。期望重设的目的是确保配置项与用户的期望一致，从而提高最终系统的用户满意度。

通过以上四个步骤，初步审核阶段旨在通过逐步地审核和调整，确保生成的配置项不仅在技术上正确，还满足用户的实际需求。这种系统性的审查流程是确保软件开发成功的重要保障之一。

(4)初步实现

在初审阶段确认生成的配置项和蓝图符合用户期望后，则进入初步实现阶段。在这个关键的阶段，将抽象的配置蓝图转化为具体的可执行命令，是确保系统功能正常运行的关键步骤。该阶段主要包括两个重要环节：配置映射和命令执行。

在配置映射环节中，系统会仔细分析AI生成阶段得到的配置蓝图。这个蓝图包含了各种配置项及其取值,但它们在计算机视角下仍然是抽象的,因此需要映射为具体的、可执行的指令。为了实现这个映射,系统会结合平台命令映射表,将每个配置项的抽象概念映射为在特定平台上能够理解的具体命令。

一旦配置项被映射为具体命令,系统便开始执行这些命令。这意味着系统会按照预定的顺序和逻辑逐个执行这些命令,从而完成系统组件的配置。这些命令可能包括数据库的初始化、API 的调用、界面的布局等。系统会确保每个命令都按照正确的顺序执行,以便实现整个系统的正常功能。在这个阶段,逻辑的清晰性和准确性非常重要。每个命令都必须被正确地转化为平台可以理解的语言,并能按照正确的步骤被执行。这确保了系统在初步实现阶段能够达到最基本的功能要求。

初步实现阶段的成功实施是整个开发过程的关键一步,它为后续的测试、调试和优化奠定了基础。通过严谨的配置映射和精确的命令执行,系统得以从抽象的概念转变为现实的功能,为用户提供实际可用的服务。

(5)最终审核

最终审核阶段是确保系统配置满足用户期望的关键环节。在这个阶段,经过初步配置后的系统将被进一步评估和微调,以确保最终的配置满足用户的需求。该阶段主要包括期望评估和微调两个关键部分。

在最终审核阶段的第一步,团队将全面评估系统的配置是否与用户的期望一致,包括系统的功能、性能、用户界面等方面。评估的目标是确保系统不仅在技术上正确,还能满足用户的实际需求。

如果在期望评估中发现任何不符合用户期望的地方,都可进行微调。微调可能包括功能修正、性能优化、用户界面改进、错误修复等。

经过期望评估和微调后,系统将达到最终配置的状态。这时,团队可以确认系统满足了用户的期望,并且在各方面都表现出色。此时,系统已准备好进行最终的测试、部署和交付,以供用户使用。

最终审核阶段的重要性在于确保最终的系统配置在各个方面都符合用户需求和标准。通过综合评估和微调,系统变得运行更加稳定、功能更全面、性能更出色,为用户提供了卓越的体验。

3.2.3 配置类型

(1)基础型

基础型组件配置是低代码开发中最典型和常见的配置类型。它基于简单和统一的输入控件(如文本框、选择框等),通过接收不同类型的基础值来实现对组件属性的配置。基础型配置的特点是操作简单、使用广泛,可以应用于各类组件的常见配置需求,构成低代码配置的基石。

利用 AI 模型智能配置低代码组件。首先,AI 模型需要获取到合理的输入描述。输入描述来源一般为用户通过输入框或检索页面提供基础型配置的描述数据,包括属性类型(数值、选项、开关等)、默认值、取值范围(如果适用)和命令映射表等信息。其次,AI 模型根据用户提供(或从页面检索)的描述数据生成用户期望的属性值。最后,AI 模型再根据检索到的命令映射表将生成的属性值输出为低代码开发平台可以执行的命令。基础型配置项的配置流程如图 3.4 所示。

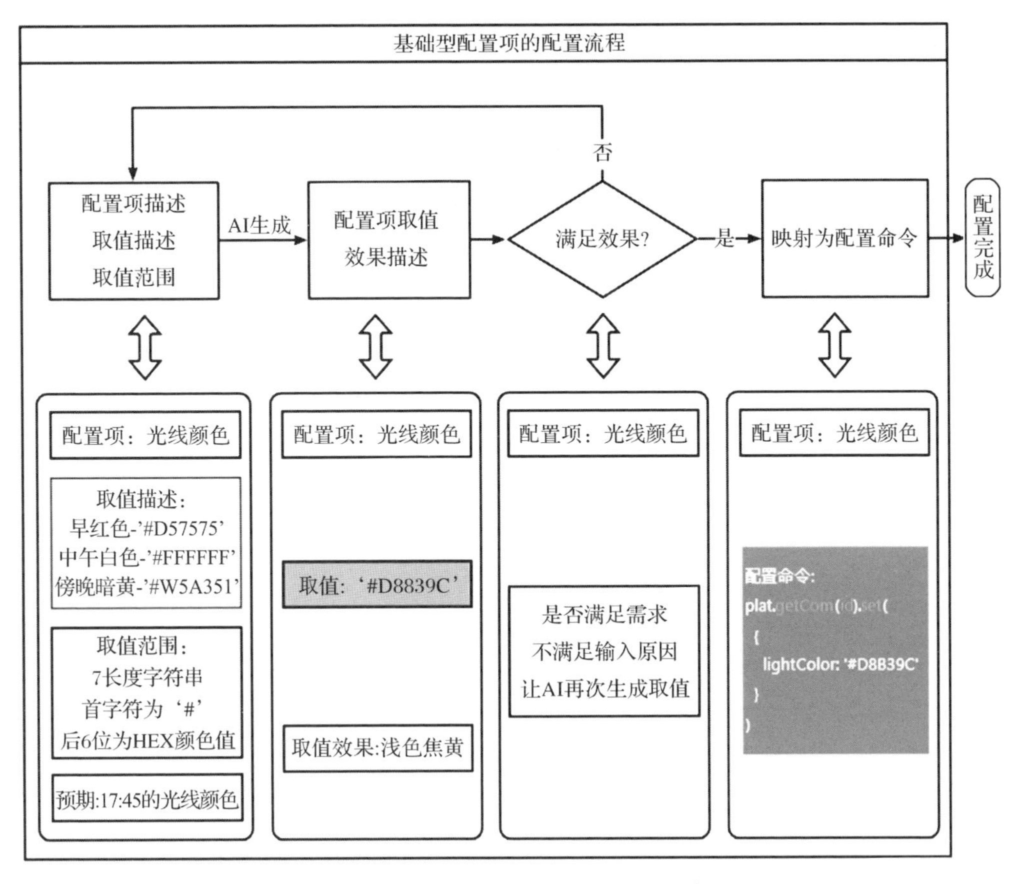

图 3.4　基础型配置项的配置流程示意

基础型配置项可以分为以下几种类型。

数值(Number):用于配置数值类型的属性,如大小、位置、数量等。数值可以是整数或小数,可以设置最大值、最小值、步长等限制条件。例如,配置一个按钮的宽度为100像素,可以使用数值类型的配置项。

选项(Enum):用于配置有限个可选值中的一个,如颜色、字体、形状等。选项可以是预设或自定义的。例如,配置一个文本框的字体为微软雅黑,可以使用选项类型的配置项。

开关(Boolean):用于配置是否启用或禁用某个属性或功能,如可见、可编辑、可启用动画等。开关只有两个状态,分别对应真或假。例如,配置一个图片是否可见,可以使用开关类型的配置项。

颜色(Color):用于配置颜色属性,如背景色、前景色、边框色等。颜色可以是预设或自定义的,可以使用RGB、HEX等格式表示。例如,配置一个标签的背景色为红色,可以使用颜色类型的配置项。

向量(Vector):用于配置多维度的数值属性,如坐标、尺寸、旋转等。向量可以是一维到四维的,可以设置每个维度的最大值、最小值、步长等限制条件。例如,配置一个图形的位置为(10,20),可以使用向量类型的配置项。

文本词语(String):用于配置文本类型的属性,如标题、内容、提示等。文本词语可以是任意长度的字符串,可以设置最大长度、最小长度、正则表达式等验证条件。例如,配置一个按钮的标题为“提交”,可以使用文本词语类型的配置项。

(2)创造型

在低代码开发平台的配置中,创造型配置是一类具有高度灵活性和创造性的配置选项。相比于基础型配置,创造型配置允许用户通过文本、函数、样式以及结构化数据等方式,自由创造出符合特定需求的组件行为和外观。这种类型的配置不仅仅是简单的数值或开关选择,还涉及文本内容、数据连接器、功能脚本、事件触发等多方面的创造性组合,使用户可以在不涉及复杂编码的情况下,实现丰富多样的功能和界面设计。

创造型配置的主要特点包括高度灵活性、可扩展性和定制性。用户可以利用这种配置类型,根据项目需求、用户体验和设计要求,创造出独特的、符合特定场景需求的组件。用户可以不再受限于预设的模板或固定的选项,可根据自身需求定制各种文本内容、设计各类事件触发条件、创建自定义的数据连接器,甚至编写特定的功能脚本。这种自由度使创造型配置成为低代码开发平台中最具创新性和实用性的一种配置类型。

①文本

创造文本配置是创造型配置的重要组成部分，它允许用户自由创作各种文本内容，包括页面标题、段落文字、按钮标签等。相比于固定的文本选项，创造文本配置赋予了用户更大的自由度，使他们能够根据特定场景的需求，动态生成与用户交互界面相匹配的文本内容。

创造文本配置的主要特点是灵活性和多样性。用户可以根据项目需要，在不涉及代码编写的情况下自由编辑文本内容，包括文本样式、字体大小、颜色等。这种自由度使用户能够打造出独特的用户界面，提供了更好的用户体验。同时，创造文本配置也支持与数据连接器的结合，使文本内容能够动态地根据数据源的变化而变化，实现了信息的动态展示。文本创造型配置项的配置流程，如图3.5所示。

AI模型输入：用户可以通过输入描述或指定要呈现的文本内容，包括但不限于页面标题、段落文字、按钮标签等。输入内容可能包括文本的内容、格式要求、与数据连接的关系等信息。例如，用户可能需要在页面上显示特定数据库中的产品名称和价格，或者根据用户输入的选择动态生成相应的问题描述。这些输入将作为AI模型的基础，用于生成创造文本配置。

AI模型生成：AI模型会根据用户的输入描述，识别关键信息，理解用户希望实现的文本内容和格式要求。基于自然语言处理技术，模型会生成相应的文本配置指令，包括但不限于文本内容、样式、颜色、与数据连接的关系等。生成的文本配置通常以自然语言形式呈现，方便用户理解和审阅。

AI模型输出：生成的文本配置指令需要映射为低代码开发平台可执行的命令。这些命令通常包括HTML或其他前端技术所需的标记语言，用于在页面上呈现用户期望的文本内容。在命令映射表的指引下，AI模型输出的文本配置指令将被转化为页面上的相应标签和样式，以确保所生成的文本能够在用户界面上正确显示。

案例：考虑一个在线商城的情景，用户希望在页面上显示特定产品的名称、价格和描述。用户描述“产品名称应该为加粗字体，价格为红色，描述内容为普通字体，所有信息均需从数据库中获取”。AI模型生成的文本配置指令“产品名称：<span style='font-weight: bold;'>［从数据库获取产品名称］</span>，价格：<span style='color: red;'>［从数据库获取产品价格］</span>，描述内容：<span>［从数据库获取产品描述］</span>”。

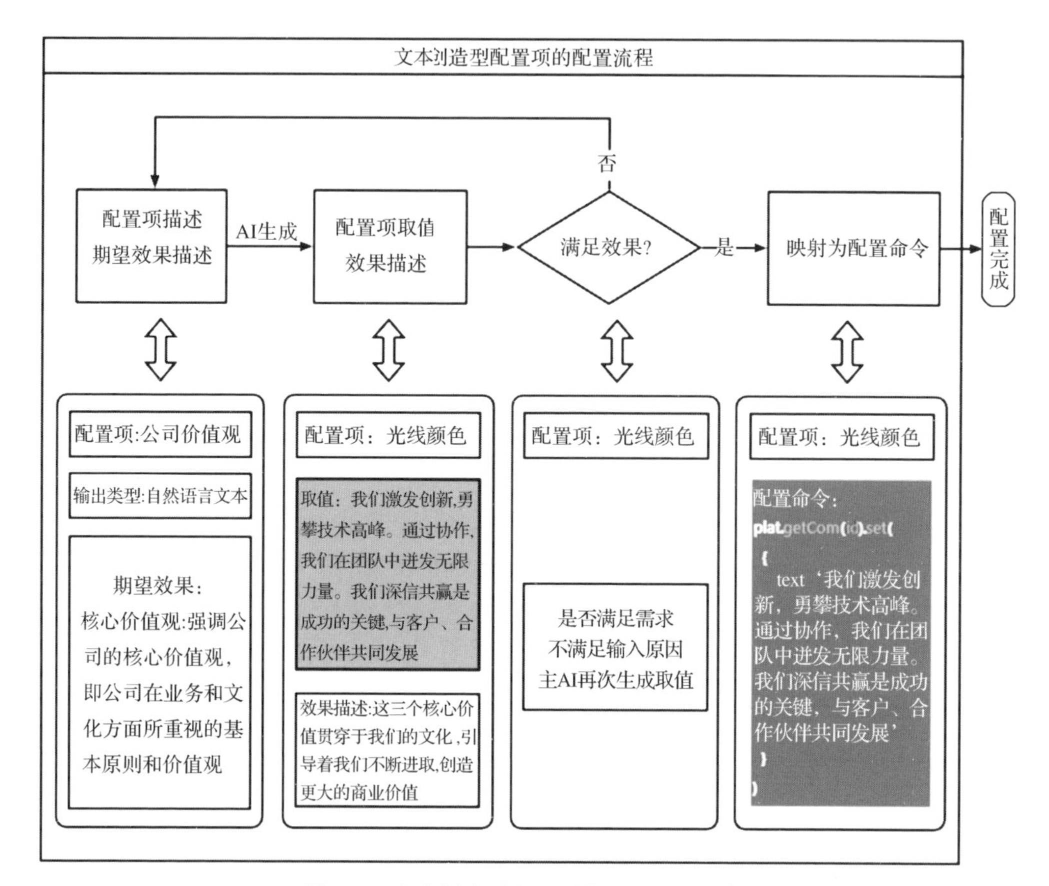

图 3.5 文本创造型配置项的配置流程示意

②函数

创造函数配置是创造型配置的核心组成部分之一,它赋予用户在低代码开发平台上创造性地设计和配置各种函数的能力。这些函数可以包括数据连接器、功能脚本以及事件触发器等,使用户能够根据特定需求自由组合和定制函数的行为,以实现更为复杂的业务逻辑和交互效果。

创造函数配置的主要特点为其灵活性和功能多样性。用户可以通过简单的自然语言描述,创建各种类型的函数。这些函数可以涉及数据的读取、处理、存储,用户交互的响应、页面元素的动态更新等多方面的功能。创造函数配置不仅仅限于单一功能,还可以将多个函数组合起来,实现更为复杂、多样化的业务逻辑。函数创造型配置项的配置流程见图 3.6。

AI 模型输入:用户可以通过输入描述或指定要实现的具体功能,包括但不限

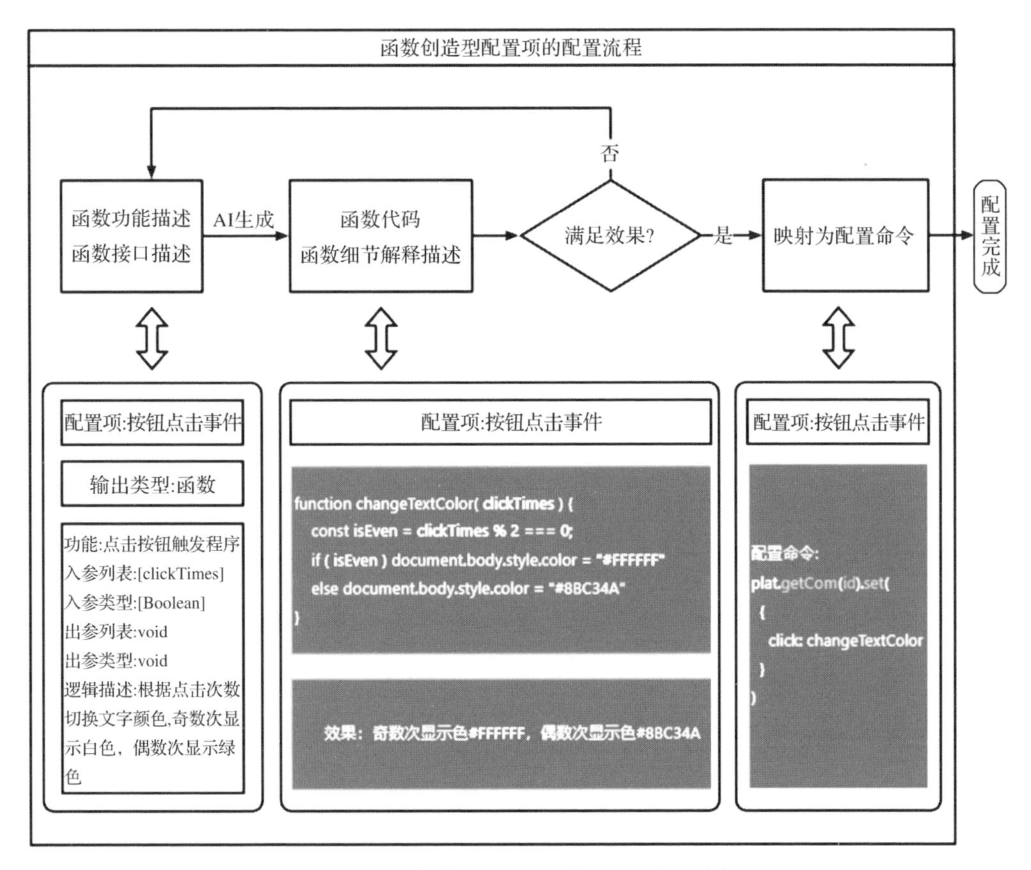

图3.6 函数创造型配置项的配置流程示意

于数据连接的源头、数据处理的逻辑、用户交互的触发条件等。输入内容包括函数的名称、输入参数、输出结果的格式等。例如,用户可能希望创建一个数据连接器从外部API获取特定类型的数据,并将数据在页面上以表格的形式展示。这些输入将作为AI模型的基础,用于生成创造函数配置。

AI模型生成:AI模型会根据用户的输入描述识别关键信息,理解用户希望实现的函数行为和逻辑。基于自然语言处理技术,模型会生成相应的函数配置指令,包括但不限于函数名称、输入参数的设定、数据处理逻辑、事件触发条件等。生成的函数配置通常以自然语言形式呈现,方便用户理解和审阅。

AI模型输出:生成的函数配置指令需要映射为低代码开发平台可执行的命令。这些命令通常包括后端服务的调用、前端事件的响应、数据处理逻辑的实现等。在命令映射表的指引下,AI模型输出的函数配置指令将被转化为平台可以执行的代码,以确保所生成的函数能够在用户应用中被正确执行。

案例:考虑一个在线投票系统的情景,用户希望创建一个投票功能,用户可以点击选项进行投票,系统需要记录投票数,并在页面上实时更新投票结果。用户描述"当用户点击选项时,增加该选项的投票数,并将投票结果实时更新在页面上"。AI模型生成的函数配置指令"创建事件触发器:当选项被点击时,调用函数'增加投票数',并调用函数'更新页面结果'"。命令映射表将以上指令转化为平台可执行的代码,确保了用户点击选项时,投票数增加并且页面结果实时更新的功能得以实现。

③样式

创造样式配置是创造型配置中的关键组成部分,它赋予用户在低代码开发平台上自由定制和设计各种页面元素的样式的能力。这些页面元素包括但不限于文本、按钮、表单、背景等,用户可以根据特定需求,创造性地配置这些元素的颜色、字体、大小、边框等样式属性,以实现个性化的界面设计。

创造样式配置的主要特点在于其灵活性和多样性。用户可以通过简单的自然语言描述,定义各种页面元素的外观特性。创造样式配置不限于单一元素,用户可以定制整个页面的整体风格,也可以为特定元素定义不同的样式,以实现丰富多样的用户界面。样式创造型配置项的配置流程见图3.7。

AI模型输入:用户可以通过输入描述或指定要定制的具体样式,包括但不限于元素的类型、颜色、字体、大小、边框样式等。输入内容包括页面元素的名称、所在位置、样式特性的设定等。例如,用户可能希望将页面上的标题设置为特定颜色和字体,或者为按钮定义特定的背景颜色和边框样式。这些输入都将作为AI模型的基础,用于生成创造样式配置。

AI模型生成:AI模型会根据用户的输入描述,识别关键信息,理解用户期望实现的样式特性和效果。基于自然语言处理技术,模型会生成相应的样式配置指令,包括但不限于颜色、字体、大小、边框样式等。生成的样式配置通常以自然语言形式呈现,以方便用户理解和审阅。

AI模型输出:生成的样式配置指令需要映射为低代码开发平台可执行的样式代码。这些代码通常包括层叠样式表等前端技术所需的样式属性,用于定义页面元素的外观。在样式映射表的指引下,AI模型输出的样式配置指令将被转化为页面元素的具体样式,以确保所生成的界面能够按照用户期望的样式呈现。

案例:考虑一个社交媒体应用的情景,用户希望将用户发布的文字内容呈现在特定的样式下,以区分不同用户的发言。用户描述"用户A的文字内容应该是

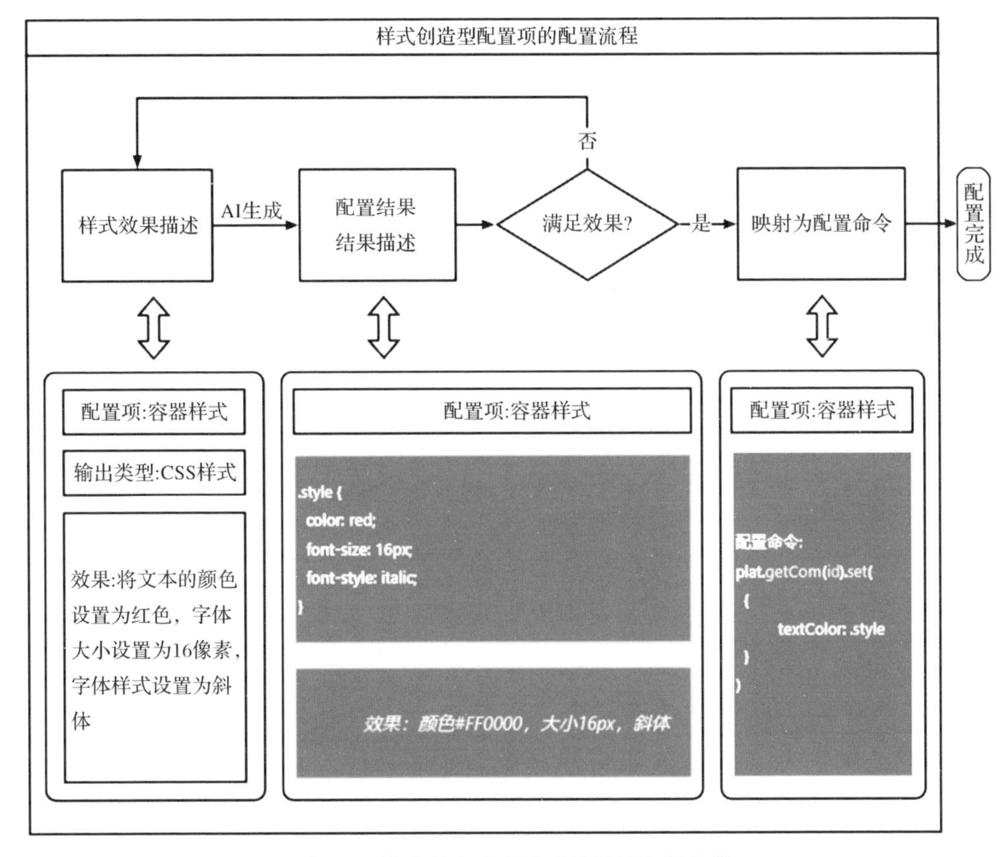

图3.7 样式创造型配置项的配置流程示意

蓝色、粗体字；用户B的文字内容应该是绿色、斜体字”。AI模型生成的样式配置指令“为用户A的文字内容应用样式：颜色为蓝色，字体为粗体；为用户B的文字内容应用样式：颜色为绿色，字体为斜体”。以上指令通过样式映射表转化为CSS代码，确保了用户A和用户B的文字内容能够以不同的颜色和字体样式呈现在社交媒体应用的界面上。这个案例展示了创造样式配置的灵活性，用户可以通过简单的描述实现复杂的界面样式效果，无需深入了解前端样式设计知识，提高了界面设计的灵活性和效率。

④数据

创造数据配置是创造型配置的关键组成部分之一，它赋予用户在低代码开发平台上创建和配置数据源的能力。这些数据源包括但不限于数据库、API、外部文件等，用户可以通过简单的方式创建这些数据源，并定义数据结构、数据类型以及数据之间的关系,以实现数据的存储、读取和处理。

创造数据配置的主要特点在于其灵活性和可扩展性。用户可以通过自然语言描述定义各种数据源,包括数据的名称、字段、数据类型等。创造数据配置不仅仅限于简单的数据存储,还涉及数据的处理、转换、整合等多方面操作。这种灵活性使得用户能够轻松应对各种数据处理需求,从而实现更为复杂的业务逻辑。数据创造型配置项的配置流程见图 3.8。

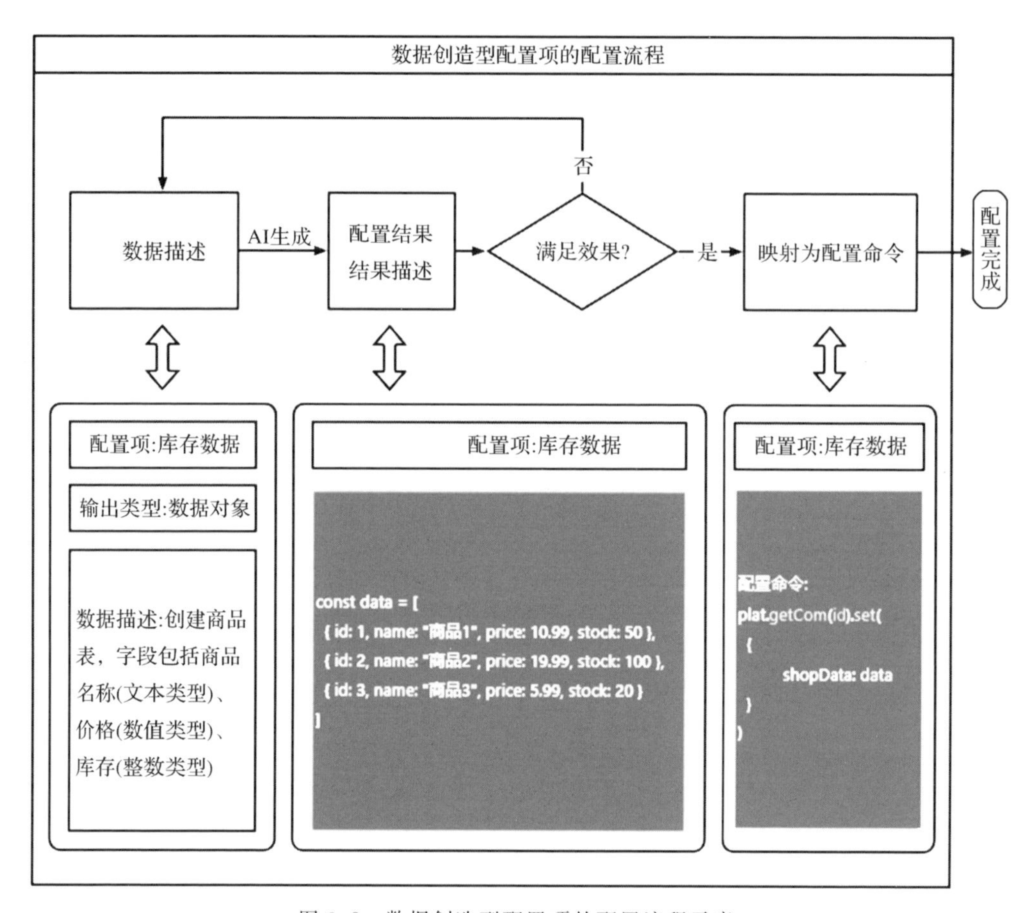

图 3.8 数据创造型配置项的配置流程示意

AI 模型输入:用户可以通过输入描述或指定要创建的具体数据源,包括但不限于数据源的类型、字段的名称、数据类型、数据处理逻辑等。输入内容可能包括数据表的结构、数据之间的关系、数据的转换规则等。例如,用户可能期望创建一个用户信息数据库,包括用户的姓名、年龄、地址等字段,或者从外部 API 获取特定类型的数据并进行转换。这些输入将作为 AI 模型的基础,用于生成创造数据配置。

AI 模型生成:AI 模型会根据用户的输入描述,识别关键信息,理解用户期望实现的数据结构和处理逻辑。基于自然语言处理技术,模型会生成相应的数据配置指令,包括但不限于数据表的创建、字段的设定、数据类型的定义、数据处理逻辑等。生成的数据配置通常以自然语言形式呈现,方便用户理解和审阅。

AI 模型输出:生成的数据配置指令需要映射为低代码开发平台可执行的命令。这些命令通常包括数据库的建表语句、API 的调用方法、数据处理逻辑的实现等。在命令映射表的指引下,AI 模型输出的数据配置指令将被转化为平台可以执行的代码,以确保所生成的数据源能够正确存储、读取和处理数据。

案例:考虑一个电子商务平台的情景,用户期望创建一个商品数据库,包括商品的名称、价格、库存等信息。用户描述"创建一个商品数据库,包含字段:商品名称(文本类型)、价格(数值类型)、库存(整数类型)。"AI 模型生成的数据配置指令"创建商品表,字段包括商品名称(文本类型)、价格(数值类型)、库存(整数类型)"。以上指令通过命令映射表转化为数据库的建表语句,确保了商品数据库的正确创建。这个案例展示了创造数据配置的灵活性,用户可以通过简单的描述,实现复杂的数据结构和数据库的创建,无需深入了解数据库设计知识,提高了数据处理的灵活性和效率。

(3)检索型

检索型配置是低代码开发平台中一类重要的配置类型,它赋予用户在应用中检索数据和信息的能力。通过检索型配置,用户可以获取和利用组件属性、数据字典、平台资源和页面参数等各种信息,实现动态数据呈现、内容联动和页面自适应等功能。这种配置类型为用户提供了极大的灵活性和数据处理能力。

检索型配置的主要特点是多样性和实用性。用户可以通过简单的自然语言描述,定义各种检索条件,包括但不限于数据的筛选条件、页面参数的传递、组件属性的提取等。检索型配置不仅可以用于数据的检索,还可以用于页面间的信息传递和组件间的关联操作。这种多样性使用户能够实现各种复杂的业务逻辑和数据处理需求。检索型配置项的配置流程见图 3.9。

AI 模型输入:用户可以通过输入描述或指定要检索的具体数据和信息,包括但不限于检索条件、数据源、返回结果的格式等。输入内容可能包括数据的属性、筛选逻辑、排序方式、页面参数的传递规则等。例如,用户可能希望根据自己的选择动态展示不同类别的商品,或者根据用户的位置信息检索附近的服务点。这些

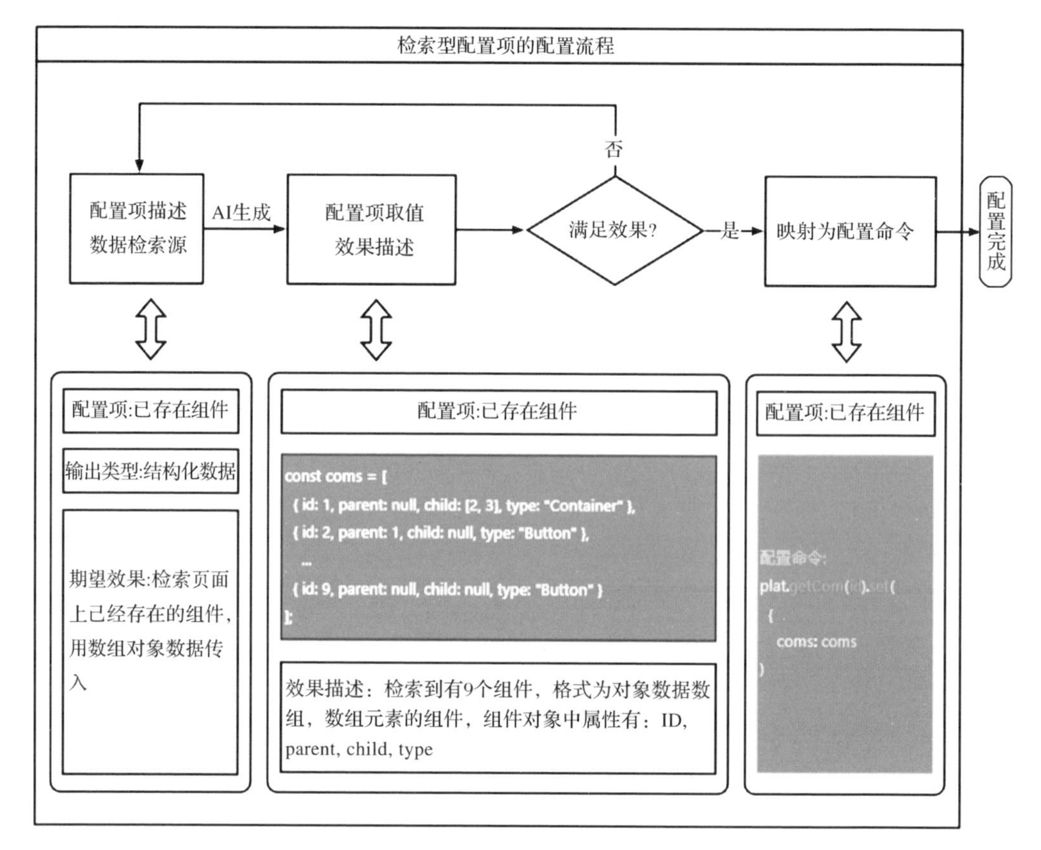

图 3.9 检索型配置项的配置流程示意

输入将作为 AI 模型的基础，用于生成检索型配置。

AI 模型生成：AI 模型会根据用户的输入描述，识别关键信息，理解用户期望实现的检索逻辑和条件。基于自然语言处理技术，模型会生成相应的检索配置指令，包括但不限于筛选条件、数据源的设定、返回结果的格式化等。生成的配置通常以自然语言形式呈现，以方便用户理解和审阅。

AI 模型输出：生成的检索配置指令需要映射为低代码开发平台可执行的命令。这些命令通常包括数据库的查询语句、API 的调用方法、页面参数的传递规则等。在命令映射表的指引下，AI 模型输出的检索配置指令将被转化为平台可以执行的代码，以确保所生成的检索功能能够在用户应用中得以正确执行。

案例：考虑一个在线电影平台的情境，用户期望实现一个电影分类检索功能，首先用户可以选择不同的电影类型，然后页面将显示符合该类型的电影列表。例如，用户描述“当用户选择‘喜剧片’时，显示该类型的电影列表”。AI 模型生成的检索配置指令为“从电影数据库中查询类型为‘喜剧片’的电影，并将结果呈现在页面上”。以上指令通过命令映射表转化为数据库查询语句，确保了选择“喜剧片”时，电影列表能够正确显示在页面上。这个案例展示了检索型配置的实际应用，用户可以通过简单的选择实现复杂的数据检索功能，提高了用户体验和页面交互的灵活性。

(4)关联型

关联型配置是低代码开发平台中一类常见的配置类型，它赋予用户在应用中实现不同组件间、不同数据源间以及组件与数据源之间的关联和交互能力。通过关联型配置，用户可以建立组件属性间的关系、实现组件与数据字典的联动、将数据连接器与页面参数关联等。这种配置类型为用户提供了强大的数据处理和界面交互功能。

关联型配置的主要特点在于其多元化和实时性。用户可以通过简单的自然语言描述，定义各种关联规则，包括但不限于组件属性的依赖关系、数据连接器与数据字典的关联方式、页面参数的传递逻辑等。关联型配置不仅可以实现静态的关联，还可以实现动态的、根据用户交互实时变化的关联。这种多元化使得用户能够实现各种复杂的数据和界面关联需求。关联型配置项的配置流程见图 3.10。

AI 模型输入：用户可以通过输入描述或指定要建立的具体关联规则，包括但不限于组件属性的关系、数据连接器与数据字典的对应关系、页面参数的传递规则等。输入内容可能包括组件的名称、属性的依赖关系、数据源的选择、页面参数的映射规则等。例如，用户可能期望当某个按钮被点击时，关联显示相应的数据表格，或者将用户输入的关键词与数据字典中的词汇进行匹配。这些输入将作为 AI 模型的基础，用于生成关联型配置。

AI 模型生成：AI 模型会根据用户的输入描述，识别关键信息，理解用户期望实现的关联逻辑和条件。基于自然语言处理技术，模型会生成相应的关联配置指令，包括但不限于组件属性的依赖关系、数据连接器的选择、数据字典的映射规则等。生成的配置通常以自然语言形式呈现，方便用户理解和审阅。

AI 模型输出：生成的关联配置指令需要映射为低代码开发平台可执行的命令。这些命令通常包括组件属性的更新操作、数据连接器的调用方法、数据字典的匹配规则等。在命令映射表的指引下，AI 模型输出的关联配置指令将被转化为平台可以执行的代码，以确保所生成的关联功能能够在用户应用中正确执行。

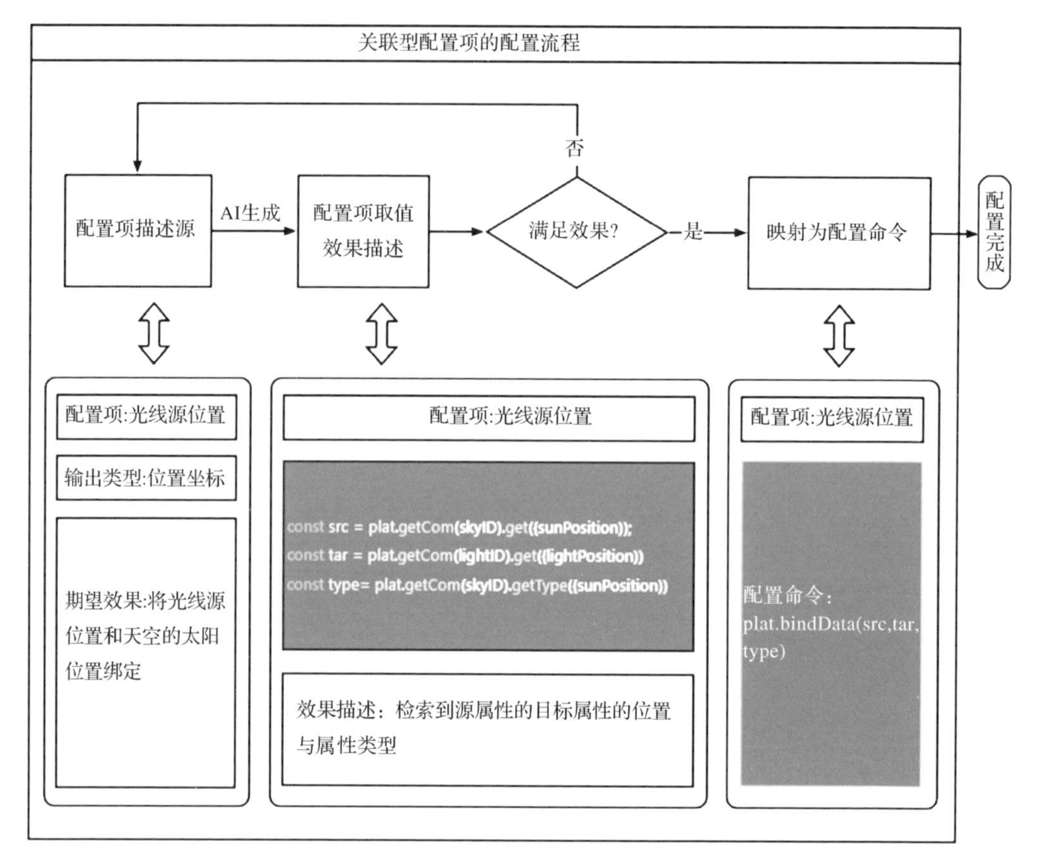

图 3.10　关联型配置项的配置流程示意

案例:考虑一个在线图书商城的情境,用户期望实现一个关联功能,当用户选择特定的图书分类时,页面上的推荐列表应该实时更新为该分类下的图书。用户描述为“当用户选择‘科幻小说’时,将页面上的图书推荐列表更新为该分类下的图书”。AI模型生成的关联配置指令为“建立组件属性关联规则:当图书分类选择为‘科幻小说’时,调用数据连接器,获取该分类下的图书列表,并将结果呈现在页面上的图书推荐列表中”。以上指令通过命令映射表转化为前端页面的更新操作和数据连接器的调用方法,确保了用户选择“科幻小说”时,图书推荐列表能够实时更新。这个案例展示了关联型配置的实际应用,用户可以通过简单的选择实现复杂的数据关联功能,提高了用户体验和应用的实用性。

3.3 AI加速低代码应用案例

3.3.1 AI加速低代码应用智能生成相关案例

(1)代码生成

①通用性代码生成

针对一些通用型的代码，可根据用户的需求自动生成基本的代码块等元素，减少了手动编写代码的需求。在软件开发的世界里，时间就是金钱。但是，每一个开发者都曾经历过在开发流程中花费大量时间编写重复的代码块、创建表单和数据模型的煎熬与挑战。然而，现在有了一项令人兴奋的技术，即AI加速低代码应用智能生成，它正在彻底改变开发者的日常工作方式。

我们熟知的GitHub Copilot，是由GitHub和OpenAI合作开发的，是这一革命性技术的代表。它是一个智能化的代码生成工具，可以根据开发者的需求和输入，自动生成基本的代码块，包含HTML代码、Java代码、Python代码等，从而显著减少了手动编写代码的时间。

当我们把大模型集成到低代码开发平台上时，如果要实现一个Java后端接口，可以在平台的需求输入框输入需求描述就能够生成相关功能代码，然后通过平台调用系统指定去编译这些Java文件生成字节码，最后通过类加载器去加载这些class文件，通过反射生成接口对象。下面是一个登录功能的实现例子。

下面例子是一个登录功能的实现。

输入：实现一个登录功能，用于判断用户名存在而且密码配对的后端Java实现代码。

输出：

(a)创建一个名为User的实体类，用于表示用户信息。

```
import javax.persistence.Entity;
import javax.persistence.GeneratedValue;
import javax.persistence.GenerationType;
import javax.persistence.Id;

    @Entity
public class User {
```

```
    @Id
    @GeneratedValue(strategy =  GenerationType.IDENTITY)
    private Long id;
    private string username;
    private string password;

        // Getter 和 setter 方法
}
```

(b)创建一个名为 UserRepository 的接口,用于处理数据库操作。

```
import org.springframework.data.jpa.repository.JpaRepository;
import java.util.optional;
public interface UserRepository extends JpaRepository<User, Long>  {
    Optional<User>  findByUsername(string username);
}
```

(c)创建一个名为 UserController 的控制器类,处理登录请求。

```
import org.springframework.beans.factory.annotation.Autowired,import  org.springframework.web.
bind.annotation.* ;
import java.util.0ptional,
@Restcontroller
@RequestMapping("/api")
            UserController {
    @Autowired
            UserRepository UserRepository;
    @PostMapping("/login")
    public String login(@RequestBody User  loginuser){
        Optional<User>    useruserRepository.findByUsername(login User.get Username());
        if (user.isPresent()&&  user.get().getPassword().equals(loginuser.get Password())){
            return"登录成功";
        } else {
            return "登录失败,用户名或密码错误";
        }
    }
}
```

一旦有了上述代码，我们就能快速实现用户登录这项功能。

②特定领域语言生成

在编程过程中，我们有时会发现大模型难以完全生成所有代码。这主要是因为生成的模块较多，而直接生成通用语言的代码通常结构复杂，语法要求严格。然而，开发人员可以通过结合人工智能和工程技术的方法，来加速整个项目的代码生成速度，并确保生成代码的准确性。一种有效的方法是预先定义好特定领域语言（Domain-Specific Language，DSL）。在这种语言中，我们首先需要保证其语义尽可能单一，结构尽可能清晰，语法尽可能易于理解。然后，我们可以结合领域语言执行引擎，以便快速部署并执行这种领域语言。总的来说，通过这种方式，我们可以在保证代码质量的同时，提高代码生成的效率。

对于特定领域语言，我们可以通过微调技术或者结合示例描述和语言规范定义来生成特定领域的代码文本。

现有如下的业务场景，一家公司需要开发后端的可视化逻辑编排功能。通常情况下，这种编排需要开发人员在低代码开发平台上通过可视化界面进行组件配置和组件之间的关联操作。这些任务通常耗时且要求开发人员具备一定的技术知识。然而，通过整合强大的大模型AI生成能力，我们可以快速地根据产品需求描述生成该领域特定的代码，实现了从产品经理需求到软件生成的无缝转化，加速了整个开发流程。

在大模型的领域知识理解上，按照如下的组织结构，通常能够得到比较不错的效果。

```
输入:
    模型角色定义
    领域语言定义规范
    领域语言相关解释
        需求文本描述
    示例
    目的
    输出:
        领域语言文本
```

基于上面的结构，现在有如下基于AI实现的登录接口服务案例。

(a)需求Prompt处理

语言规范定义：针对领域的DSI，我们要梳理出合适的规范定义，以便模型能正确按照我们的语言规范输出对应格式的程序代码,登录接口服务作为前端接口调用,包含出参、入参和临时参数等数据信息,定义如下。

```
<xs:element name= "parameters">
  <xs:complexType>
    <xs:sequence>
      <xs:element maxOccurs= "unbounded" name= "parameter">
        <xs:complexType>
          <xs:attribute name= "id" type= "xs:string" use= "required" />
          <xs:attribute name= "type" type= "xs:string" use= "required" />
          <xs:attribute name= "memo" type= "xs:string" use= "required" />
          <xs:attribute name= "name" type= "xs:string" use= "required" />
          <xs:attribute name= "valueType" type= "xs:string" use= "required" />
          <xs:attribute name= "jsonConfig" type= "xs:string" use= "required" />
          <xs:attribute name= "notNull" type= "xs:boolean" use= "required" />
          <xs:attribute name= "canEdit" type= "xs:boolean" use= "required" />
          <xs:attribute name= "default" type= "xs:string" use= "required" />
        </xs:complexType>
      </xs:element>
    </xs:sequence>
  </xs:complexType>
</xs:element>
```

同时,还抽象出各种代码逻辑组件,包含 IF 条件组件、SWITCH 条件分支组件、ASSIGN 赋值组件、SQI 数据库操作组件、API 远程调用组件、START 开始组件等,针对这些节点数据,不仅要让模型识别,还需要定义出组件相关的语言规范,相关的定义如下。

```
<xs:element name= "START">
  <xs:complexType>
    <xs:sequence>
      <xs:element name= "flow">
        <xs:complexType>
          <xs:attribute name= "index" type= "xs:string" use= "required" />
          <xs:attribute name= "targetRef" type= "xs:string" use= "required" />
          <xs:attribute name= "type" type= "xs:string" use= "required" />
```

```
        </xs:complexType>
      </xs:element>
    </xs:sequence>
    <xs:attribute name= "id" type= "xs:string" use= "required" />
    <xs:attribute name= "version" type= "xs:string" use= "required" />
  </xs:complexType>
</xs:element>
```

IF 组件语言规范定义如下。

```
<xs:element name= "IF">
  <xs:complexType>
    <xs:sequence>
      <xs:element maxOccurs= "unbounded" name= "flow">
        <xs:complexType>
          <xs:attribute name= "index" type= "xs:boolean" use= "required" />
          <xs:attribute name= "targetRef" type= "xs:string" use= "required" />
          <xs:attribute name= "type" type= "xs:string" use= "required" />
        </xs:complexType>
      </xs:element>
    </xs:sequence>
    <xs:attribute name= "id" type= "xs:string" use= "required" />
    <xs:attribute name= "version" type= "xs:string" use= "required" />
    <xs:attribute name= "condition" type= "xs:string" use= "required" />
  </xs:complexType>
</xs:element>
```

SWITCH 组件语言规范定义如下。

```
<xs:element name= "SWITCH">
  <xs:complexType>
    <xs:sequence>
      <xs:element maxOccurs= "unbounded" name= "flow">
        <xs:complexType>
          <xs:attribute name= "index" type= "xs:string" use= "required" />
          <xs:attribute name= "targetRef" type= "xs:string" use= "required" />
          <xs:attribute name= "condition" type= "xs:string" use= "optional" />
```

```
            <xs:attribute name= "type" type= "xs:string" use= "required" />
          </xs:complexType>
        </xs:element>
      </xs:sequence>
      <xs:attribute name= "id" type= "xs:string" use= "required" />
      <xs:attribute name= "version" type= "xs:string" use= "required" />
   </xs:complexType>
</xs:element>
```

END 组件语言规范定义如下。

```
<xs:element name= "END">
   <xs:complexType>
      <xs:attribute name= "id" type= "xs:string" use= "required" />
      <xs:attribute name= "version" type= "xs:string" use= "required" />
   </xs:complexType>
</xs:element>
```

除了上述和逻辑相关的语言定义外,逻辑编排还需要用来展示的代码块,包含节点和连线两个模块,其连线语言定义如下。

```
<xs:element name= "lineList">
   <xs:complexType>
      <xs:sequence>
        <! --Here is the data of each connection, where from: start node id, to: end node id, index:
judgment rule, id: randomly generated id of the line -->
        <xs:element maxOccurs= "unbounded" name= "line">
          <xs:complexType>
            <xs:attribute name= "from" type= "xs:string" use= "required" />
            <xs:attribute name= "to" type= "xs:string" use= "required" />
            <xs:attribute name= "index" type= "xs:string" use= "required" />
            <xs:attribute name= "id" type= "xs:string" use= "required" />
          </xs:complexType>
        </xs:element>
      </xs:sequence>
   </xs:complexType>
</xs:element>
```

相关节点语言规范定义如下。

```
<xs:element name= "nodeList">
  <xs:complexType>
    <xs:sequence>
      <xs:element maxOccurs= "unbounded" name= "node">
        <xs:complexType>
          <xs:attribute name= "content" type= "xs:string" use= "required" />
          <xs:attribute name= "from" type= "xs:string" use= "required" />
          <xs:attribute name= "id" type= "xs:string" use= "required" />
          <xs:attribute name= "left" type= "xs:string" use= "required" />
          <xs:attribute name= "name" type= "xs:string" use= "required" />
          <xs:attribute name= "params" type= "xs:string" use= "required" />
          <xs:attribute name= "to" type= "xs:string" use= "required" />
          <xs:attribute name= "top" type= "xs:string" use= "required" />
          <xs:attribute name= "type" type= "xs:string" use= "required" />
          <xs:attribute name= "fromForEach" type= "xs:string" use= "required" />
          <xs:attribute name= "isActive" type= "xs:boolean" use= "required" />
          <xs:attribute name= "flowAmount" type= "xs:unsignedShort" use= "required" />
          <xs:attribute name= "fromAmount" type= "xs:unsignedShort" use= "required" />
          <xs:attribute name= "children" type= "xs:string" use= "required" />
          <xs:attribute name= "title" type= "xs:string" use= "optional" />
          <xs:attribute name= "condition" type= "xs:string" use= "optional" />
          <xs:attribute name= "list" type= "xs:string" use= "optional" />
          <xs:attribute name= "cycleOver" type= "xs:boolean" use= "optional" />
          <xs:attribute name= "sql" type= "xs:string" use= "optional" />
          <xs:attribute name= "datasource" type= "xs:string" use= "optional" />
          </xs:complexType>
        </xs:element>
      </xs:sequence>
  </xs:complexType>
</xs:element>
```

(b)程序生成

将需求拆分为两个主要模块，以提高系统生成的准确率和生成代码的可读性。这两个模块分别是逻辑模块和展示模块,它们各自具有独特的职责和功能,共同构建了系统的核心功能。

第一部分为逻辑模块,主要职责是处理参数和组件的逻辑。这包括对输入参数的处理、数据计算和组件之间的交互逻辑。逻辑模块是系统的大脑,它确保了数据的准确性和完整性,同时负责实现各种组件的调用关系。逻辑模块的代码需要精确地定义参数和组件之间的关系,以确保系统在不同情况下能够正确地响应和处理数据。

第二部分为展示模块,主要职责是将逻辑模块处理的数据可视化。这包括节点和连线之间的关系,以及图形元素的布局和外观。展示模块的任务是将逻辑模块的计算结果转化为易于理解和互动的图形来表示。这些图形元素的排列和呈现需要满足用户界面设计的最佳实践,以提供优秀的用户体验。

该阶段可通过如下的文本进行程序应用的生成。

登录的 process 模块的语言定义规范为:According to the XSD specification in Knowledge, generate the corresponding XML file。

登录功能需求描述如下:检查用户名是否存在于用户数据库中,如果不存在,则返回登录失败的结果。对于已存在的用户名,验证密码是否与数据库中存储的密码匹配,如果不匹配,则返回登录失败的结果。

输出的程序代码如下。

```
<logic version= "1">
  <parameters>
    <parameter id= "username" type= "string" memo= "Username" name= "Username"
valueType= "string" jsonConfig= "" notNull= "true" canEdit= "true" default= ""/>
    <parameter id= "password" type= "string" memo= "Password" name= "Password"
valueType= "string" jsonConfig= "" notNull= "true" canEdit= "true" default= ""/>
    <parameter id= "loginResult" type= "boolean" memo= "Login Result" name= "LoginResult"
valueType= "boolean" jsonConfig= "" notNull= "true" canEdit= "true" default= ""/>
  </parameters>
  <process>
    <START id= "start" version= "1">
      <flow index= "1" targetRef= "sql" type= "next"/>
    </START>
    <SQL id= "sql" version= "1" datasource= "userDatabase" sql= "SELECT *  FROM users
WHERE username =  MYM{username}">
```

```
        <flow index= "1" targetRef= "ifUserExists" type= "next"/>
    </SQL>
    <IF id= "ifUserExists" version= "1" condition= "MYM{sql.resultCount >  0}">
        <flow index= "true" targetRef= "SQL_PasswordCheck" type= "next"/>
        <flow index= "false" targetRef= "end" type= "next"/>
    </IF>
    <SQL id= "SQL_PasswordCheck" version= "1" datasource= "userDatabase" sql= "SELECT
*  FROM users WHERE username =  MYM{username} AND password =  MYM{password}">
        <flow index= "1" targetRef= "ifPasswordMatches" type= "next"/>
    </SQL>
    <IF id= "ifPasswordMatches" version= "1" condition= "MYM{SQL_PasswordCheck.
resultCount >  0}">
        <flow index= "true" targetRef= "ASSIGN_LoginSuccess" type= "next"/>
        <flow index= "false" targetRef= "ASSIGN_LoginFailure" type= "next"/>
    </IF>
    <ASSIGN id= "ASSIGN_LoginSuccess" version= "1">
        <flow index= "1" targetRef= "end" type= "next"/>
        <datas>
            <data parameterName= "loginResult" parameterValue= "true"/>
        </datas>
    </ASSIGN>
    <ASSIGN id= "ASSIGN_LoginFailure" version= "1">
        <flow index= "1" targetRef= "end" type= "next"/>
        <datas>
            <data parameterName= "loginResult" parameterValue= "false"/>
        </datas>
    </ASSIGN>
    <END id= "end" version= "1"/>
  </process>
</logic>
```

(c)数据后处理

清除无用节点和分支:为了提高数据的准确性和可读性,我们需要从原始数据中删除无用节点或节点上的无用分支。这个步骤旨在简化数据结构,使其更加易于分析和理解,涉及删除不再具有关键信息的节点或者去除与研究目标无关的分支。这一过程的代码实现将有助于数据精简和优化。

整合逻辑服务和布局代码:数据可视化通常需要将逻辑服务代码(数据处理、计算等)与布局代码(图表、图形元素的排列和呈现等)有机地整合在一起,以生成最终的程序代码。

通过上述流程生成逻辑编排登录接口服务应用,相关视图如图 3.11 所示。

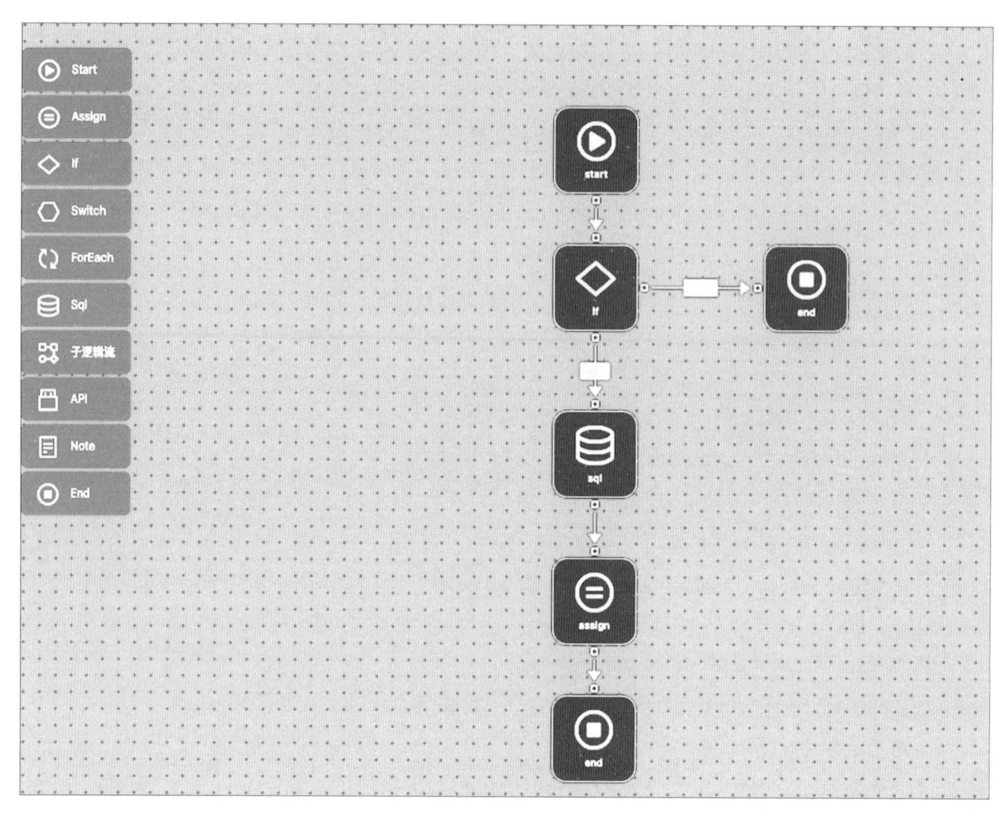

图 3.11 登录逻辑编排

(2)界面设计

①自动布局生成

界面需求:产品团队首先定义了应用的用户界面需求,包括产品列表的展示、搜索功能、购物车图标等。这些需求产品在需求文档中会有相应的描述,如在页面顶部放置搜索栏,下方是产品列表,每个产品包含产品名称、价格和购物车“按钮”。

如果是传统的低代码开发,则在布局开发方面需要包括以下流程,这些流程需要开发人员进行详细的手动配置和设置。

• 页面创建：开发人员需要新建一个页面。这通常需要在Pass应用开发平台中执行，涉及命名、选择页面类型（如网页或移动应用页面）以及选择适当的模板。

• 布局组件选择：一旦页面创建完成，开发人员就需要选择合适的布局组件，包括绝对布局组件、相对布局组件、栅格布局、流式布局等。如何选择合适的布局组件取决于页面的结构和设计需求，这需要开发人员具备一定的布局设计知识。

• 属性设置：在选择布局组件后，开发人员需要为每个组件设置各种属性，如位置、大小、内外边距、对齐方式、颜色、字体等。这些属性设置是确保界面按预期呈现的关键步骤，但这也容易导致烦琐的手动工作。

• 响应式设计：如果应用程序需要在不同设备上进行适应性布局，开发人员还需要考虑响应式设计。这可能涉及媒体查询、CSS媒体规则和JavaScript代码，以确保页面在各种屏幕尺寸和方向下都能得以正确呈现。

• 调试和优化：开发人员需要进行布局的调试和优化工作，可能需要解决元素重叠、布局错位或性能问题，这需要开发人员具有一定的经验和耐心。

可以看到，如果通过传统的开发，往往比较耗时且容易出错，但如果基于上述需求，则大模型能够分析需求，并根据最佳实践和用户体验原则生成应用程序的用户界面布局。工具还可以自动生成包括HTML、CSS，甚至React Native或Flutter代码以适应不同平台。在生成原始的界面后，开发者可以通过低代码开发平台的编辑功能，根据需要对生成的布局进行微调和定制，如可以添加公司的品牌颜色、更改字体样式、调整元素的大小和位置等。

下面通过产品的描述需求描述利用AI快速生成的自动布局代码。

```
<body>
  <header>
    <h1> 产品列表</h1>
    <input type= "text" id= "search- bar" placeholder= "搜索产品"/>
  </header>
  <div id= "product- list">
    <div class= "product">
      <div class= "product- name"> 产品 1</div>
      <div class= "product- price"> MYM19.99</div>
      <button class= "add- to- cart"> 添加到购物车</button>
```

```
        </div>
        <div class= "product">
            <div class= "product- name"> 产品 2</div>
            <div class= "product- price"> MYM29.99</div>
            <button class= "add- to- cart"> 添加到购物车</button>
        </div>
        <div class= "product">
            <div class= "product- name"> 产品 3</div>
            <div class= "product- price"> MYM39.99</div>
            <button class= "add- to- cart"> 添加到购物车</button>
        </div>
        <! --添加更多产品 -->
    </div>
</body>
```

通过该布局代码，即可实现购物车的界面开发。

②自动生成样式

AI可以分析图像或用户输入的颜色和字体偏好，生成与之匹配的样式表，这样有助于保持应用外观的一致性和专业性。自动样式生成是低代码开发中的一个重要领域，它使开发者能够轻松地创建吸引人且一致的应用程序外观，而无需深入研究设计和样式表。以下案例介绍了AI加速低代码应用智能生成在自动样式生成方面的应用。

例如，一家电商平台需要创建一个移动应用来售卖公司的产品。尽管平台没有专业界面设计师，但仍然追求应用外观的一致性和吸引力。

(a)用户输入样式偏好：创始团队使用了AI加速低代码开发平台的自动样式生成工具。团队开始通过用户界面输入样式偏好，包括主题颜色、字体类型、字号和边距大小。这些输入信息将指导AI工具生成适合的样式。

(b)图像和颜色分析：AI工具分析了电商交易平台大量的内容，包括文章图像和主题颜色。同时，从图像中提取了主要颜色，并识别了常用的字体样式。这有助于确保生成的样式与平台的内容相协调。

(c)样式生成：基于用户的输入和图像分析，AI工具开始生成样式表，其中包括CSS样式，如背景颜色、字体颜色、按钮样式等。生成的样式表将反映用户的审美偏好和平台的需求。

借助AI自动样式生成技术，电商交易平台能够在不雇佣专业界面设计师的情况下，创建一个视觉吸引人且风格一致的移动应用。AI工具使样式生成变得高效且易于调整，同时确保了应用外观的一致性。这样降低了开发成本，同时提高了应用的视觉吸引力。

③自动图片管理

AI可以分析背景颜色和文本颜色，然后自动选择适合的文本颜色，以确保文字在不同背景下可读性良好。这对于生成无障碍友好的界面非常有用。

在现代应用程序中，图标和图片是用户界面设计的重要组成部分。AI加速低代码应用智能生成技术使图标和图片的选择变得更加智能和高效。以下案例介绍了这方面的应用。

例如，现有一家物业管理公司要通过低代码开发平台开发商场监控大屏页面。该页面需要大量的产品图标和商品图片展示在应用程序中。然而，由于该公司没有雇佣专业的图形设计师，因此在使用低代码开发平台设计界面时，希望能够自动匹配最适合的图片，在需要时从网络上获取合适的图片，同时能够自动生成符合设计规范的图标和图片，并自动调整其比例以适应不同的应用场景。该公司计划利用AI技术来实现这一目标。

(a)主题和内容分析：该公司首先需定义应用的主题和产品内容，包括颜色主题、产品类别和品牌标识等。这些信息将指导AI工具在图标和图片选择中进行智能分析。

(b)AI图标生成：基于主题和品牌信息，AI工具开始生成符合设计规范的图标。AI可以生成各种大小和颜色的图标，并确保它们能适应不同的应用场景，如大楼图标、绿植图片和搜索等。

(c)AI图片选择：为了展示商品，AI工具分析了产品类别和内容，并从互联网上选择了与之相关的商品图片。它还可以根据需求自动调整图像的大小和比例，以适应应用的需要。

(d)风格一致性：AI工具确保了生成的图标和图片在风格与颜色上保持一致性，使应用的外观专业且吸引人。

(e)用户反馈和微调：开发者可以根据需要对生成的图标和图片进行微调与定制，以满足特定需求或进行用户反馈的修改。这确保了图标和图片的最终外观符合预期。

借助AI智能图标和图片选择技术，物业管理公司能够在没有专业图形设计师的情况下，创建具有吸引力和一致性外观的商场监控大屏应用。这不仅降低了设计成本，还大大加速了应用的开发速度。开发者可以专注于应用的功能和用户体验,而不必担心图标和图片的创建和选择。

④表单和输入字段生成

在低代码开发平台开发中,创建表单和输入字段是一个常见且烦琐的任务。AI 加速低代码应用智能生成技术使表单和输入字段的创建变得更加高效,以下是一个学生信息管理快速表单逐步详细说明的案例。

首先,需要定义应用程序所需的数据模型。现有一个需求:开发一个学生信息管理系统,能保存学生的姓名、年龄、性别、学号等信息。

相关的数据模型定义如表 3.1 所示。

表 3.1 学生信息数据模型定义

字段名	数据类型	允许为空	含义
id	bigint	否	(主键)
number	varchar(3)	否	学号
name	varchar(8)	否	学生姓名
sex	tinyint(4)	是	学生性别
birthday	date	是	学生出生年月
class	varchar(10)	是	学生所在班级

其次,可以让 AI 根据表单模型和产品需求描述,生成界面的表单字段和输入字段。

(a)在低代码开发平台中,使用 AI 智能表单生成工具将数据模型和产品需求描述为输入以及需要生成的表单的格式规范。

(b)AI 工具会自动分析数据模型,并为涉及相关功能的字段生成相应的表单输入元素。例如,AI 工具将生成文本框输入学生姓名、数字输入框输入学生年龄、单选框输入学生性别以及文本框输入学生学号。

(c)AI 工具还会根据数据模型中字段的数据类型和约束条件,为每个输入字段自动生成验证规则。例如,对于学生年龄字段,AI 工具会生成必须是整数的验证规则;对于学生性别字段,AI 工具会生成必须是枚举值(男/女)的验证规则。

通过 AI 模型,开发者能够在几个简单的步骤内创建具有验证规则和数据模型支持的表单与输入字段,无需深入编写大量的 HTML 和 JavaScript 代码。这大大简化了数据输入和处理的流程,加速了应用程序开发,同时确保了数据的准确性和一致性。

⑤用户界面建议和改进

AI 可以根据用户的行为和反馈，提供对用户界面改进的建议。例如，它可以建议优化界面布局以提高用户体验。在购物网站中，AI 加速低代码应用智能生成技术正在改善用户界面，并提供个性化建议和改进。以下是一个详细的案例。

例如，一家在线购物网站一直致力于提供卓越的购物体验，但后来发现用户在搜索产品和结账过程中经常遇到问题。该网站希望利用 AI 技术来改进用户界面，以提高用户满意度和转化率。

(a)收集和分析用户行为数据：该网站开始收集用户的浏览历史、购买记录和行为数据，包括搜索关键词、浏览的产品类别、停留时间和购物车中的产品等。

(b)AI 工具使用这些数据来分析用户的兴趣、偏好和行为模式。例如，AI 可以发现用户经常搜索特定品牌的产品，或者用户停留时间较长的页面。

(c)基于用户行为数据的分析，AI 开始生成对用户界面的建议。例如，对于搜索产品的用户，AI 可能会建议在搜索框周围增加更多的过滤器选项，以帮助用户更容易找到感兴趣的产品。

(d)对于遇到结账问题的用户，AI 可能会建议简化结账页面的操作流程。AI 可以提出减少不必要的输入字段或者添加一键购买按钮，以加快购买进程。

(e)AI 不仅能根据用户行为生成通用的建议，还可以生成个性化建议。例如，对于经常购买特定类型产品的用户，AI 可以提供更多相关产品的推荐。

(f)AI 还可以根据用户的反馈和行为模式，预测用户在接下来的购物过程中遇到的问题，并提前提出解决方案。例如，若用户多次放置产品到购物车但没有完成购买，则 AI 会发送购物车中产品的支付提醒通知。

借助 AI 用户界面建议和改进技术，该在线购物网站能够提供更符合用户需求和偏好的界面，从而提高用户满意度和转化率。这些个性化建议和改进不仅改善了购物体验，还有助于网站提高销售额。这个案例突出了 AI 在低代码领域中用户界面建议和改进的潜力，它可以帮助在线购物网站快速响应用户需求，提供更好的用户体验，并不断优化界面以满足用户的期望。这对于提高电子商务业务的竞争力至关重要。

⑥多语言支持

AI 可以帮助自动生成多语言界面，使应用能适应不同语言和地区的用户，包括自动生成翻译文件和文本替换。

下面分享一个有关 AI 加速低代码应用智能生成在多语言支持方面的案例。

某移动应用公司正在开发一款受欢迎的应用，并希望扩大市场，覆盖不同国家和地区的用户。为了实现这一目标，公司需要在应用中提供多语言支持，以便用户可以选择使用自己的首选语言。

在传统的开发过程中，若要实现多语言支持，则该公司需要进行烦琐的开发工作。公司开发团队必须先手动创建语言区域目录，然后为每种语言添加资源文件，并在应用中设置每个文本消息的格式和位置。这一过程耗时且容易出错。

因此该公司开发团队决定采用AI加速的低代码开发平台，以下是他们的解决方案。

(a)应用输入：团队将应用的界面文本和各种消息文本输入到智能工具中。

(b)语言选择：团队指定希望支持的语言列表，如英语、西班牙语、法语等。

(c)AI自动生成：利用AI工具自动生成多语言支持的资源文件和目录结构。AI创建了每种语言的目录，然后根据输入的文本，自动在各个语言文件中生成相应的消息文本。

(d)文本替换：针对一些无法提前设置的语言，可以依赖AI+国家地址先实现文本的自动翻译，然后再自动替换掉文本。

该公司在短时间内实现了多语言支持，无需耗费大量的时间和精力来创建和维护资源文件和目录结构。其应用现在可以轻松适应不同语言和地区的用户需求，提供本地化的用户体验，同时确保了文本的一致性和准确性。

(3)数据模型和数据库设计相关案例

在互联网应用开发领域，客户信息管理是关键的业务需求之一，传统的数据库设计和应用开发流程需要耗费大量的时间和精力。然而，AI加速的低代码应用智能生成平台，往往有可视化的管理界面进行数据库的创建、修改等，但是原数据模型的设计仍然是开发人员比较棘手的问题。只有数据模型定义完善了，开发人员才能更快地在低代码开发平台中创建出符合项目需求的数据表等信息，进而大幅提高效率和质量。以下案例展示了AI加速低代码应用智能生成在客户信息管理系统的数据模型和数据库设计领域的应用。

一家刚刚起步的互联网初创公司迫切需要开发一个客户信息管理系统，以支持他们的销售和客户服务团队。公司需要一个高效的数据库存储客户信息、销售人员信息以及支持各种查询和导入导出操作。

为了应对这一挑战，公司决定采用AI赋能的低代码应用智能生成工具，用于客户信息管理系统的数据库设计。以下是产品对应的需求描述。

产品的需求描述:CRM-客户信息管理。

需求描述:支持查看、新建、导入、导出、编辑、删除、批量删除、按条件查询、高级查询客户的基本信息。

功能 1:客户信息列表。

表格中显示客户名称、客户类型、客户级别、联系人、职务、电话、所属行业、客户来源、开拓销售、开拓日期。开拓销售支持点击,点击后弹窗显示该客户对应的销售信息,弹窗列表显示对应的销售姓名、销售手机、入职日期、在职状态。

功能 2:查询功能。

支持按照客户名称、客户类别、客户级别、所属行业、客户来源、开拓销售查找客户信息。

客户类型可选成交客户、意向客户、潜在客户三种类型。

客户级别可选一般客户、重要客户、尊贵客户三种。

所属行业可选制造业、IT/互联网、交通运输业三种。

客户来源可选销售自拓、合作伙伴两种。

开拓销售从公司销售中进行选择。

高级查询,用户在界面上可自定义查询条件。

重置:点击重置按钮,清空所有查询条件。

……

功能 n

快速生成如图 3.12～图 3.14 所示的数据模型。

1. 客户信息表格（Customer）：

- 客户ID（CustomerID）：主键，唯一标识每个客户。
- 客户名称（CustomerName）：客户所在公司的名称。
- 客户类型（CustomerType）：成交客户、意向客户、潜在客户。
- 客户级别（CustomerLevel）：一般客户、重要客户、尊贵客户。
- 联系人（ContactName）：客户联系人名称。
- 职务（JobTitle）：联系人的职务。
- 电话（PhoneNumber）：联系人的电话号码。
- 所属行业（Industry）：制造业、IT/互联网、交通运输业等。
- 客户来源（CustomerSource）：销售自拓、合作伙伴。
- 开拓销售（SalesPerson）：与客户关联的销售人员。
- 开拓日期（OpenDate）：记录客户开拓的日期。

图 3.12　客户信息表模型

- 销售ID（SalesID）：主键，唯一标识每个销售。
- 销售姓名（SalesName）：销售人员的姓名。
- 销售手机（SalesPhoneNumber）：销售人员的手机号码。
- 入职日期（HireDate）：销售人员的入职日期。
- 在职状态（EmploymentStatus）：在职或离职状态。

图 3.13　销售信息表模型

- 记录ID（RecordID）：主键，唯一标识每次导入操作。
- 导入时间（ImportTime）：记录导入操作的时间。
- 操作用户（UserID）：执行导入操作的用户。
- 导入文件名称（FileName）：导入的文件名。

图 3.14　导入历史记录表模型

针对数据模型，进行数据库设计（见表 3.2～表 3.4）。

表 3.2　客户信息表

字段名	数据类型	主键	自增	允许为空
CustomerID	INT	是	是	否
CustomerName	VARCHAR(255)	否	否	否
CustomerType	ENUM	否	否	否
CustomerLevel	ENUM	否	否	否
ContactName	VARCHAR(255)	否	否	否
JobTitle	VARCHAR(100)	否	否	是
PhoneNumber	VARCHAR(20)	否	否	是
Industry	ENUM	否	否	否
CustomerSource	ENUM	否	否	否
SalesPerson	INT	否	否	是
OpenDate	DATE	否	否	否

表3.3　销售信息表

字段名	数据类型	主键	自增	允许为空
SalesID	INT	是	是	否
SalesName	VARCHAR(255)	否	否	是
SalesPhoneNumber	VARCHAR(20)	否	否	否
HireDate	DATE	否	否	否

表3.4　导入历史记录表

字段名	数据类型	主键	自增	允许为空
RecordID	INT	是	是	否
ImportTime	DATETIME	否	否	否
UserID	INT	否	否	是
FileName	VARCHAR(255)	否	否	否

同时，AI能够快速生成各种不同数据库的数据定义语言（Data Definition Language，DDL），以快速集成到各种数据库中，以下是该案例的部分DDL示例。

客户信息表如下。

```
CREATE TABLE Customer (
CustomerID INT AUTO_INCREMENT PRIMARY KEY,
CustomerName VARCHAR(255) NOT NULL,
CustomerType ENUM('成交客户','意向客户','潜在客户') NOT NULL,
CustomerLevel ENUM('一般客户','重要客户','尊贵客户') NOT NULL,
ContactName VARCHAR(255) NOT NULL,
JobTitle VARCHAR(100),
PhoneNumber VARCHAR(20),
Industry ENUM('制造业','IT/互联网','交通运输业') NOT NULL,
CustomerSource ENUM('销售自拓','合作伙伴') NOT NULL,
SalesPerson INT,
OpenDate DATE NOT NULL
);
```

销售信息表如下。

```
CREATE TABLE Sales (
SalesID INT AUTO_INCREMENT PRIMARY KEY,
SalesName VARCHAR(255) NOT NULL,
SalesPhoneNumber VARCHAR(20),
HireDate DATE NOT NULL,
EmploymentStatus ENUM('在职', '离职') NOT NULL
);
```

导入历史记录表如下。

```
CREATE TABLE ImportHistory (
RecordID INT AUTO_INCREMENT PRIMARY KEY,
ImportTime DATETIME NOT NULL,
UserID INT NOT NULL,
FileName VARCHAR(255) NOT NULL
);
```

这个案例展示了AI加速低代码应用智能生成在数据模型和数据库设计方面的创新应用。通过将AI与低代码开发相结合,企业能够快速地创建高质量的数据模型和数据库,提高了应用程序的性能和可维护性,同时也降低了软件开发人员的技术门槛。

3.3.2 AI优化配置案例-登录系统

登录系统是一个网站或应用程序的入口,允许用户通过输入凭证(通常是用户名和密码)来访问其账户或系统,是互联网应用程序和网站中常见的系统元素之一,在用户与系统进行身份验证和访问控制时发挥着重要作用。登录系统常见的组成部分如下。

- 身份验证入口:登录系统是用户进入应用程序或网站的身份验证入口。通过输入正确的凭证(通常是用户名和密码),用户可以获得个人账户或系统的访问权限。
- 用户界面标准化:大多数登录系统都遵循用户界面标准,包括用户名和密码输入框以及登录按钮。这种标准化使得用户能够轻松适应并且更容易使用不同网站和应用程序的登录功能。
- 安全性:由于登录时涉及用户的敏感信息,如密码、安全性是登录系统的关键。常见的实践包括使用加密协议、实施账户锁定机制以及采用多因素身份验证等手段来提高安全性。

- “记住我”选项：登录系统通常包含一个“记住我”选项，能使用户在下一次访问时无需重新输入用户名和密码。这提高了用户的便利性，但在公共计算机或不安全环境下须小心使用。
- 忘记密码功能：为了帮助用户解决忘记密码的问题，登录系统通常包含一个“忘记密码”链接，允许用户通过注册邮箱或其他验证方式来重置密码。
- 用户体验优化：设计登录系统时，用户体验是关键因素。清晰的界面、友好的错误信息、响应式设计等都是为了提高用户体验的满意度。
- 社交媒体登录：一些登录系统提供了通过社交媒体账户进行登录的选项，简化了用户注册和登录过程。
- 多语言支持：针对全球用户，许多登录系统提供多语言支持，以确保用户可以在他们首选的语言环境中进行登录。

登录系统的常见性表明它是用户与网站或应用程序进行交互的关键部分，其设计和实施对于用户体验和安全性至关重要。随着技术的发展，新的身份验证方法和安全标准不断涌现，登录系统的演变也在不断进行，同时配置登录页面的难度也在上升。

配置登录系统的难度通常取决于所提供的自定义选项和用户的技术水平。基本的配置可能涉及布局、颜色和文本的调整，而更高级的配置则可能包括逻辑关系、函数调用和数据结构定义。引入 AI 辅助配置可以显著提高配置的效率和准确性。通过自动检测用户的配置目的，AI 可以推荐适当的配置项、建议最佳的实践项，并根据用户的偏好自动调整参数。此外，AI 还能够提供实时的反馈和建议，降低用户配置时的学习曲线，使对技术不是很熟悉的用户也能够轻松地完成配置。

总体而言，一个可配置的登录系统不仅提供了灵活性和个性化的体验（本节通过一个 AI 辅助配置的案例对前文的 AI 优化配置加以补充和实践，用户可以更轻松地实现其所期望的登录系统效果），同时还能更好地适应不同用户的技术水平和需求。

(1)预处理阶段

预处理阶段的主要目的是将输入处理为 AI 生成阶段更容易理解和使用的数据格式。

在登录系统案例中，用户提供的自然语言描述可能是多样且缺背景知识的。

例如,用户输入“帮我生成一个用户名为空的默认显示文本”。在预处理阶段,系统需要附加信息后将这个自然语言输入处理为易于理解和使用的数据格式。

通过预处理,系统附加数据后可以将用户输入转换为特定的问题类别,这个转换后的信息将有助于系统在生成阶段准确地生成用户的需求。

附加信息:配置登录系统、中文语境。

预处理结果如下。

```
{
  配置情景:登录系统,
  配置项目:用户名输入框,
  配置类型:中文文本字符,
  内容要求:默认显示文本
}
```

由于只有符合要求的用户才具有访问权限,因此需要将名单列表预处理后传给 AI 进行查询。名单列表在一般情况下以结构化数据来保存,在预处理阶段,配置模块需要解析这个结构化数据并提取有效信息,同时将其转换为 AI 生成模块能够理解且能有效使用的格式。

例如,用户列表(名单为虚构信息)见表 3.5。

表 3.5 用户信息表

序号	1	2	3	4	5
姓名	Alex Johnson	Emily Rodriguez	Jordan Smith	Olivia White	Ethan Miller
性别	男	女	男	女	男
出生日期	1985-05-15	1990-08-22	1988-03-10	1995-11-05	1983-07-18
地址	123 Main Street, Cityville	456 Oak Avenue, Townsville	789 Pine Road, Villagetown	101 Cedar Lane, Hamletsville	321 Birch Street, Countryside
电子邮件	alex.johnson@email.com	emily.rodriguez@email.com	jordan.smith@email.com	olivia.white@email.com	ethan.miller@email.com
电话号码	(555)123-4567	(555)987-6543	(555)234-5678	(555)876-5432	(555)345-6789
职业	软件工程师	医生	教师	图书馆管理员	建筑师
用户名	alex85	emily90	jordan88	olivia95	ethan83
密码	—	—	—	—	—

预处理后的用户列表信息如下。

```
{
  配置情景:登录系统,
  配置项目:登录校验,
  配置类型:事件触发函数,
  内容要求:根据用户列表通过登录校验
  用户列表:{
    Alex85:**********,
    Emily90:**********,
    Jordan88:**********,
    Ovivia95:**********,
    Ethan83:**********
  }
}
```

配置模块能将这个结构化数据转换筛选为有效的内部数据结构,确保在后续的配置阶段可以准确地识别和应用这些分类信息。

在预处理阶段,配置模块需要从公司的产品数据库中智能检索出相关数据或信息。例如,用户登录校验时需要基于用户列表判断是否响应用户的登录。在这种情况下,可以预设一些规则,如根据配置项目查询数据库,先找到所用的数据库,然后从数据库中检索相关信息并传输给预处理模块。名单案例中传输的信息如前面的用户列表。预处理阶段的目的是确定检索的关键词和规则,以确保在后续的智能检索阶段可以高效地获取所需信息。

(2)AI生成阶段

AI处理阶段的主要目的是AI根据处理后的输入,生成组件配置结果的结构化数据描述,如{属性名,配置类型,取值,效果,命令}。其中,配置类型需要明确为更具体的分类。

①基础型

(a)基础型配置-数值类型:在登录系统案例中,基础型配置中的数值类型可以用于确定页面布局。例如,选择登录方式的账号密码登录和手机号登录选项的间距是一个单位为px的数值类配置项。

在AI生成阶段,AI配置模块将这个数值映射为该配置类型的“数值”,取值为50,效果为账号密码登录和手机号登录之间的间距为50px。生成的结构化数据描述如下。

```
{
  属性名: "signInStyleOptionDistance",
  配置类型: "Number",
  取值: 50,
  效果: "两个登录方式选项之间的间距为 50 屏幕像素",
  命令: "Application.getLayer(LayerID).SetSignInStyleOptionDistance(50)"
}
```

配置前后效果对比见图 3.15。

图 3.15 配置前后效果对比

(b)基础型配置-选项类型:在登录系统案例中,基础型配置中的选项类型可以用于选择不同布局组件的尺寸规格。例如,登录方式的布局标签的尺寸有大、中、小三个选项,当该登录系统面向的群体为老人时,布局空间应该选到最大。

在 AI 生成阶段,系统将这个选项映射为配置类型"选项",最终效果为"大",取值为"large",效果为选择登录方式布局空间较大。生成的结构化数据描述如下。

```
{
  属性名: "signInStyleSize",
  配置类型: "Option",
  取值: "large",
  效果: "选择登录方式布局较大",
  命令: "Application.getLayer(LayerID).SetSignInStyleSize("large")"
}
```

配置选项见图 3.16,配置前后对比见图 3.17。

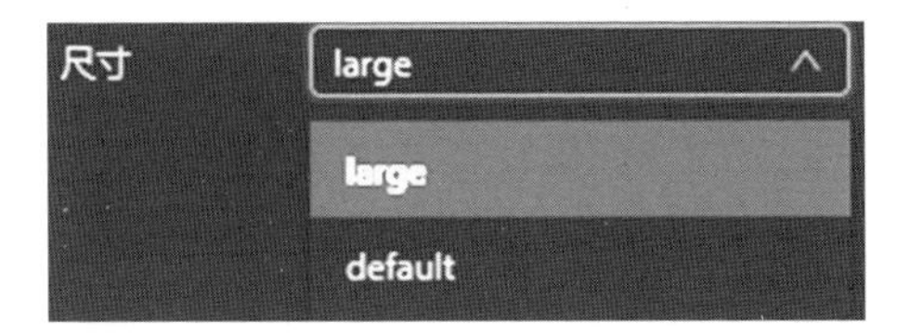

图 3.16　布局尺寸选项

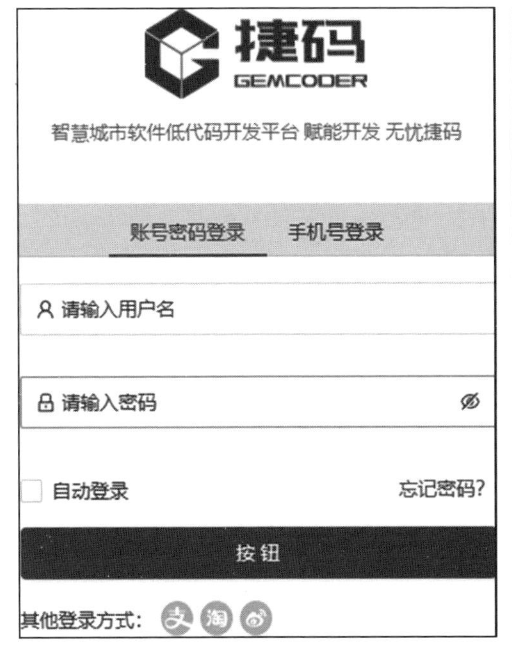

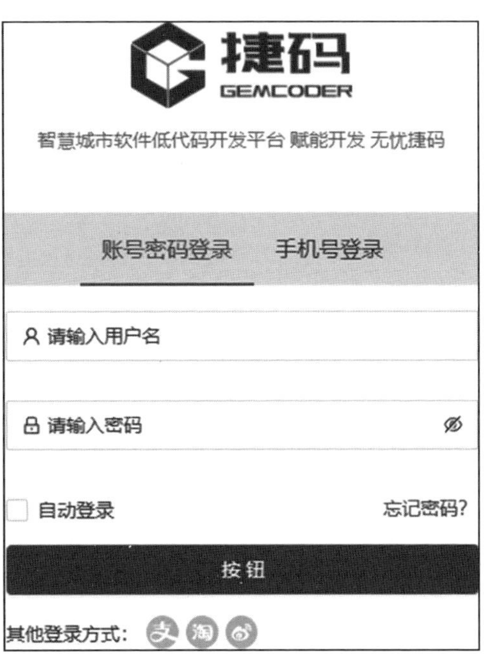

图 3.17　配置前后对比

②创造型

(a)创造型配置-文本类型:在登录系统案例中,创造型配置中的文本类型可用于登录站点的文本描述。例如,在登录系统的平台图标下方需要增加一句话或者几个词语对该站点进行介绍,经过 AI 配置后生成文本描述“智慧城市软件低代码开发平台 赋能开发 无忧捷码”(文本类型)。在 AI 生成阶段,系统将这个文本映射为配置类型“文本”,取值为“回答文本内容”,效果为简介登录平台。生成的结构化数据描述如下。

```
{
  属性名: "Profile",
  配置类型: "Text",
  取值: "智慧城市软件低代码开发平台 赋能开发 无忧捷码",
  效果: "简介登录平台",
  命令: "Application.getLayer(LayerID).SetProfile("智慧城市软件低代码开发平台 赋能开发
无忧捷码")"
}
```

(b)创造型配置-函数类型:在登录系统案例中,函数类型的创造型配置可以用于创建事件触发器,实现特定场景下的自动化响应。例如,用户希望在账户密码无误且点击按钮后跳转到成功登录界面。在 AI 生成阶段,系统将这个函数映射为配置类型“Function”,取值为以下 JavaScript 代码。

```
// 登录成功触发的函数
function onLoginSuccess(user) {
  // 在这里执行登录成功后的操作,例如导航、设置身份验证令牌等
  console.log('欢迎回来,MYM{user.name}! ');
  // 例如,可以将用户信息存储在本地存储中
  localStorage.setItem('currentUser', JSON.stringify(user));
  // 导航到用户的个人资料页面
  window.location.href = '/profile';
}
```

效果为当用户登录后,系统自动调用该函数跳转到个人资料页面。生成的结构化数据描述如下。

```
{
  属性名: "登录成功事件触发器",
  配置类型: "Function",
  取值: function onLoginSuccess,
  效果: "登录成功跳转个人资料",
  命令: "Application.getLayer(LayerID).addFunc(onLoginSuccess)"
}
```

通过这个配置，系统能够在用户成功登录后自动触发指定的函数，实现跳转个人资料页面。这种配置类型的应用在登录系统中尤为重要，确保了系统具备更高级的智能响应能力。

(c)创造型配置-结构化数据：在登录系统案例中，样式类型的创造型配置可以用于定义界面样式，以使页面具有特定的外观。例如，用户希望定制登录界面，将其主色调设置为公司的品牌颜色。在AI生成阶段，系统将这个样式映射为配置类型"样式"，取值为CSS样式代码，效果为修改系统的外观。生成的结构化数据描述如下。

```
{
  属性名: "windowStyle",
  配置类型: "样式",
  取值: body { background- color: # 0070b8; color: # fff; },
  效果: "修改登录界面的背景颜色和文字颜色",
  命令: "Application.getLayer(LayerID).setStyle(body { background- color: # 0070b8; color: #
fff; })"
}
```

通过这个配置，系统的界面样式将按照用户的要求进行定制，使其与公司的品牌一致，提供一致的用户体验。样式配置允许用户以更具创造性的方式自定义系统的外观，以满足特定品牌和设计需求。

③检索型

(a)检索型配置-数据字典类型：在登录系统案例中，检索型配置的一种常见类型是数据字典，用于存储和检索特定信息。例如，登录系统判断用户是否成功登录需要拥有权限的用户列表。在AI生成阶段，系统将这个配置映射为配置类型"DataBase"，取值为数据字典的结构和检索方法。效果为建立与产品数据库的数据连接器，并定义检索规则。生成的结构化数据描述如下。

```
{
  属性名: "用户列表",
  配置类型: "DataBase",
  取值: data =  {
    数据源: "UserList",
    检索规则: {
      关键词字段: "UserID",
      返回字段: ["UserID", "UserPassword", "HomeID"]
    }
  },
  效果: "建立与数据库中用户列表的数据连接器,并定义产品信息检索规则",
  命令: "Application.getLayer(LayerID).getData(data)"
}
```

通过这个配置，AI配置模块将能够与用户列表建立连接，并根据用户账号和密码判断是否为合法登录用户。这种配置允许系统自动从数据库中检索所需信息，以便提供准确的回答。检索型配置在AI配置中非常重要，它使系统能够快速获取并返回特定信息，提供更加智能和个性化的服务。

④关联型

(a)关联型配置-数据连接器类型：在登录系统中，关联型配置的一种常见类型是数据连接器，用于建立数据之间的关联关系，实现更全面的信息回答。例如，用户希望系统能够关联客户问题和产品信息，以便提供更详细的回答，需要连接客户问题数据和产品信息数据。在AI生成阶段，系统将这个配置映射为配置类型“数据连接器”，取值为数据连接器的关联字段。效果为建立客户问题和产品信息之间的关联连接器，以便系统回答问题时可以参考相关产品信息。生成的结构化数据描述如下。

```
{
  属性名: "问题与产品关联连接器",
  配置类型: "数据连接器",
  取值: {
    主表: "客户问题表",
    关联表: "产品信息表",
    关联字段: {
```

```
        客户问题 ID: "产品 ID"
    }
  },
  效果: "建立客户问题与产品信息之间的关联连接器",
  命令: "Application.getLayer(LayerID).bindData({源:取值,接收:问题})"
}
```

通过这个配置,系统能够通过客户问题中的问题ID关联到产品信息表中的对应产品ID,从而获得产品名称、价格等详细信息,以提供更全面和准确的回答。这种关联型配置允许系统在回答客户问题时,基于关联数据提供更具体和有针对性的信息,提高了系统的智能响应能力。

(3)蓝图审核阶段

蓝图审核阶段的主要目的是对AI生成阶段的结构化数据进行问题检查和效果验收。蓝图是指AI生成的对低代码组件的结构化配置数据,主要作用是检查配置项和作为配置的数据,表现形式可为表格、键值对数据等。若蓝图审核通过,则进入配置阶段,否则处理错误或重设期望并重新生成。在初审阶段,经过AI生成阶段生成的结构化数据(蓝图)需要经过严格的审核,以确保其质量和准确性。下面是一个详细的案例,描述了在初审阶段如何审查并验证一个蓝图,该蓝图用于处理配置登录界面。

案例背景:蓝图名称"登录系统配置蓝图"、配置目标"AI根据需求协助配置登录系统"。

配置蓝图案例1如下表3.6。

表3.6　配置蓝图案例

配置项名称	类型	默认值	说明
标志	图片路径	/images/logo.png	登录系统顶部显示的图标路径
背景颜色	CSS颜色	#ffffff	登录系统的背景颜色
标题	文本	欢迎登录	登录系统顶部显示的标题
用户名标签	文本	用户名	用户名输入框前显示的标签文本
密码标签	文本	密码	密码输入框前显示的标签文本
记住我选项	布尔值	true	是否显示"记住我"选项

续表

配置项名称	类型	默认值	说明
忘记密码链接	URL	/forgot-password	导航到忘记密码页面的链接
登录按钮文本	文本	登录	登录按钮上显示的文本
自定义样式表	CSS 路径	/styles/custom.css	允许用户引用自定义登录系统的外观和样式
自定义脚本	JS 路径	/scripts/custom.js	允许用户引用自定义脚本，实现特定的登录逻辑
背景图	图片路径	/background.jpg	登录系统的背景图

配置蓝图案例 2 如下。

```
{
  "Logo": "/images/company_logo.png",
  "背景颜色": "# f5f5f5",
  "标题": "欢迎使用 My App",
  "用户名标签": "账号",
  "密码标签": "密码",
  "记住我选项": true,
  "忘记密码链接": "/password-reset",
  "登录按钮文本": "立即登录",
  "自定义样式表": "/styles/custom-login.css",
  "自定义脚本": "/scripts/custom-login.js",
  "背景图": "/images/login_background.jpg"
}
```

蓝图审核步骤如下。

①错误检查：审核人员首先检查蓝图中的每个配置项是否符合语法规则，以确保没有拼写错误或语法问题。例如，确认所有属性名和配置类型是否正确。

②错误处理：如果发现错误，审核人员将错误的配置项标记出来，并记录错误的类型和位置。例如，如果“问题分类”属性名错误拼成“问题分裂”，审核人员会标记这个错误，并提供正确的拼写。

③期望评估：审核人员会对比蓝图中的配置项与用户的期望配置值，以确保它们相符。例如，如果用户期望系统能够处理产品相关问题，审核人员会检查蓝图中是否有对应的配置项来处理这类问题。

④期望重设：如果蓝图未满足用户期望，审核人员会与用户沟通，进一步了解期望的具体细节。例如，如果用户希望系统回答产品价格问题，但蓝图中未包含价格信息的配置项，审核人员会与用户确认这一需求，并在期望重设的基础上进行调整。

⑤审核结果：如果蓝图通过了错误检查、错误处理、期望评估和期望重设，则审核人员会生成审核报告，以确认蓝图已满足所有要求。报告中包括每个配置项的审核状态、问题反馈和用户期望的明确描述。

审核报告示例如下。

```
1  审核结果：蓝图通过审核
2  问题分类配置项：符合语法规则，与用户期望相符。
3  自动回答文本配置项：拼写无误，与用户期望的回答内容相符。
4  数据连接器配置项：能够连接到用户列列表数据库，满足用户期望的成功登录跳转需求。
5  审核人员：×××
6  审核日期：×××-××-××
```

通过以上步骤，初审阶段的蓝图审核确保了生成的结构化数据（蓝图）符合预期，并且能够在配置阶段顺利实现自动化配置登录系统的功能。审核报告为开发团队提供了清晰的指导，确保了系统的配置与用户期望一致，提供了高效、准确的智能配置服务。

(4)智能配置阶段

智能配置阶段的主要目的是编译运行审核完成的配置蓝图，具体操作为运行配置蓝图的命令，完成对低代码组件的配置。

在登录系统的智能配置阶段，通过审核的配置蓝图将被具体实施。配置出的最终结果如图3.18所示。

通过这个案例我们可以看到，智能配置阶段的关键步骤和最终实现的结果。这一阶段确保了系统按照用户需求准确而高效地回答了客户问题，提供了高度智能化的客户服务。

(5)配置审核阶段

配置审核阶段的主要目的是人工对比需求、蓝图、实际配置效果，对期望描述不准确或效果偏差的配置项进行微调。在登录系统的配置审核（终审）阶段，经过智能配置后的系统将接受人工终审，以确保配置的准确性和符合用户期望。下面描述在终审阶段如何对登录系统的配置进行审核和微调。

案例背景：配置蓝图名称“登录系统配置蓝图”、配置目标“实现智能化的登录系统配置”。

图 3.18 最终配置结果

终审步骤如下。

①对比需求和蓝图:审核团队会仔细对比用户需求文档、配置蓝图以及实际配置效果。审核团队会验证每个配置项是否满足用户的期望。例如,需求文档中要求需要有登录站点的简介,审核团队会检查蓝图中是否存在相应的配置项,并且该配置项是否已经在系统中正确实现。

②期望描述微调:如果发现期望描述不准确或者与实际效果存在偏差,审核团队会与用户或需求方进行沟通,明确期望的具体细节,并将这些信息转化为具体的配置项。例如,如果用户希望登录成功后需要有提示弹出登录成功,但蓝图中的配置项过于笼统,则审核团队会人工附加欢迎语,并微调配置项,使其更具体。

③验证功能:审核团队会在实际环境中模拟各种用户登录的场景,验证登录功能的稳定性。例如,审核团队会用用户相近时间不同地点登录多次是否会产生异常警告来验证异地登录警告功能。

④效果偏差微调:如果发现实际配置效果与期望存在偏差,审核团队会进行相应的微调。例如,如果 AI 配置模块在配置某一类问题时准确率较低,审核团队

会调整关键词匹配规则或者加入更多的特定问题分类规则，以提高系统的准确性。

⑤审核结果报告：审核团队会生成一份终审报告，记录每个配置项的审核状态、问题反馈、微调记录以及最终的配置结果。报告将提供详细的信息，包括哪些配置项经过微调，以及微调的具体内容等。

终审报告示例如下。

```
1  审核结果：配置通过终审
2  问题分类配置项：满足期望描述，已经微调以提高准确性。
3  自动回答文本配置项：文本内容符合期望，已经微调以增加客户友好度。
4  审核人员：×××
5  审核日期：×××-××-××
```

终审阶段确保了系统的配置与用户需求一致，并且能够在实际应用中提供高效、美观的登录界面服务。终审报告为用户和开发团队提供了清晰的反馈，确保了系统的稳定性和可靠性。

第4章　AI赋能低代码应用测试

4.1　低代码应用测试概述

4.1.1　低代码应用测试的重要性

随着企业数字化转型的不断深入，低代码应用开发平台已成为一种新兴的软件开发模式，正逐渐成为企业快速构建和部署应用程序的重要工具。它的核心理念是通过最小化手动编码的需求，使开发者能够通过直观的图形界面和可视化拖放操作来创建应用程序。低代码开发平台的目标是降低开发门槛，使非专业开发者和业务专家也能参与到应用程序的构建中。

低代码应用测试是确保应用程序质量和可靠性的关键步骤。测试涵盖多个关键方面，包括黑盒测试和白盒测试，它们联合起确保应用程序在各种条件下都能够正常运行。

低代码应用的黑盒测试是关注用户体验和功能性的核心步骤。通过模拟用户的操作，我们能够深入了解应用程序能否满足用户的期望。用户体验验证确保应用在操作流程、交互设计和界面友好性方面表现出色。同时，功能测试保证每个功能都按照规格说明书的要求运作，为用户提供无缝的功能体验。这不仅仅是为了防范潜在的错误，更是为了保障应用程序的质量，以确保其能够稳定地在用户手中发挥作用。

白盒测试则着眼于应用程序的内部机制。通过深入挖掘代码的各个路径，我们可以更全面地评估应用程序的健壮性和可维护性。代码覆盖率测试确保了每一行代码都经过充分检验，降低了潜在的编程错误。性能测试则通过模拟不同负载，评估应用在压力下的表现，确保其在高负载情况下仍能保持出色的性能。

低代码应用测试的重要性在于,通过黑盒测试和白盒测试的有机结合,我们能够全面覆盖应用程序的各个方面,保障其在不断变化的市场环境中持续稳定运行。黑盒测试关注用户需求和期望,白盒测试则深入应用的内部结构,共同构筑起保障应用成功的双重防线。

4.1.2 AI在低代码应用测试中的作用

当今,测试在企业软件开发中所占的成本比例愈发重要。通过AI部分替代测试工作,可显著降低企业的测试成本,提升测试效率,以及增强测试自动化能力。AI在以下几个方面都能够发挥积极作用。

①自动化测试:AI可以自动执行大量测试用例,从而提高测试效率。它能够模拟用户行为、检测异常和识别潜在问题,大大减少了人工测试的工作量。

②智能缺陷检测:AI可以通过分析应用程序的输出来检测潜在的缺陷和问题。它可以识别异常行为、性能瓶颈以及潜在的安全漏洞,帮助开发团队更早地发现和解决问题。

③自动化报告生成:AI能够生成详细的测试报告,包括问题的描述、严重程度和建议的修复措施等。这有助于开发团队更容易地跟踪和解决问题。

④自动化测试数据生成:AI可以基于产品需求或者面向低代码应用中的代码生成多样化的测试数据,以覆盖各种应用程序使用情境,从而确保全面的测试覆盖率。

⑤数据分析和预测:AI可以智能地对自动化生成的测试数据进行分析,同时也能够对测试人员设计的测试用例进行测试并预测潜在问题的发生,帮助开发团队采取预防性措施,以提前解决问题。

AI在一定程度上甚至能够超越人类,具备预测能力,因此,在低代码应用测试中如何充分运用AI辅助工具显得尤为重要。AI不仅提高了测试的效率、准确性和及时性,还协助企业更加全面地确保了应用程序的质量、提高了开发效率,从而最终提升了用户的满意度。

4.2 低代码应用测试用例的快速生成

4.2.1 AI生成低代码应用测试用例

AI在低代码应用测试用例生成中的作用是显著的,它不仅提高了测试效率,还加强了测试的全面性和准确性。大型 AI 模型的协助能够快速面向需求功能、接口以及性能进行快速用例生成。这一综合性的应用，不仅加速了测试流程，也提高了测试的全面性和可重复性，有助于确保应用程序在各个方面的质量和可靠性。AI 在低代码应用测试用例生成中的角色，为测试团队提供了强大的工具，推动了测试领域的创新和效率提升。具体应用如下。

(1)功能测试用例

通过大型 AI 模型，测试工程师可以在功能测试用例生成过程中体验到高度的自动化和智能化。传统的用例编写通常需要深入理解系统功能、设计输入步骤，并详细描述预期的输出结果，这一过程既烦琐又耗时。然而，现在有了 AI 模型（如 ChatGPT、Llama 这类通用性模型，也有一些基于大模型微调后的领域模型，如 reddyprasade/test_case_generater_llm_model 等测试用例生成的领域模型），工程师只需提供简要的提示词和必要信息，就能够轻松生成完整的功能测试用例。这项技术创新不仅提高了用例编写的效率，而且确保了测试的全面性和准确性。

在使用 AI 生成功能测试用例时，测试工程师只需简单描述需求关键词和预期结果，如用户登录、验证邮箱格式等，AI 模型会自动根据这些提示词构建详细的测试用例，包括输入操作步骤、交互流程以及对测试结果的验证方式，保证了软件功能按照需求规格书的规定正常运行。

这种全新的方法不仅缩短了测试周期，还减轻了测试团队的负担，使他们能够专注于更深层次的测试活动。AI 生成的功能测试用例具有高度的标准化和一致性，有助于提高测试覆盖率，降低漏测的风险。

(2)接口测试用例

通过利用先进的大型 AI 模型，测试人员能够以更高效和准确的方式生成接口测试用例。这种方法通过分析开发人员编写的接口文档（如请求类型、路径、请求头等关键信息），自动生成涵盖各种测试场景的详尽接口测试用例。

AI 在接口测试用例生成中的作用可谓独特而强大。首先，AI 模型能够理解和解释接口文档中的复杂结构和关系，以确保生成的测试用例能够全面地覆盖各种请求和响应情况。其次，AI 能够识别潜在的边界情况和异常场景，使测试更加全面和可靠。

在测试用例生成的过程中，AI 模型还能够考虑不同模块、服务和 API 之间的数据传递和通信，以确保它们之间的协作是正确的、高效的，并且能够满足系统整体的需求。这种综合性的考虑有助于提高系统的稳定性和可靠性，减少潜在的集成问题。

(3)性能测试用例

AI在性能测试用例生成中的作用可谓卓越。通过分析接口结构和测试需求,AI模型能够智能地生成包含大量请求的脚本代码,覆盖不同的使用场景和压力情况。这使测试团队无需手动编写烦琐的压测代码,节省了大量时间和精力。

在性能测试执行阶段,AI技术的应用进一步体现了其价值。AI能够自动记录接口请求时间、计算每秒请求数(Queries Per Second, QPS)等关键性能指标,全面监控系统在不同负载下的表现。通过实时分析测试结果,AI模型还能够识别潜在的性能问题和瓶颈,为性能优化提供有力的数据支持。

4.2.2 AI生成测试用例的步骤

AI在生成测试用例的过程中涵盖了一系列关键步骤,以确保高效、全面和准确的测试覆盖。这些步骤包括问题定义、数据收集、模型训练、测试用例生成、自动化测试脚本生成、测试执行、结果分析和循环反馈,如图4.1所示。

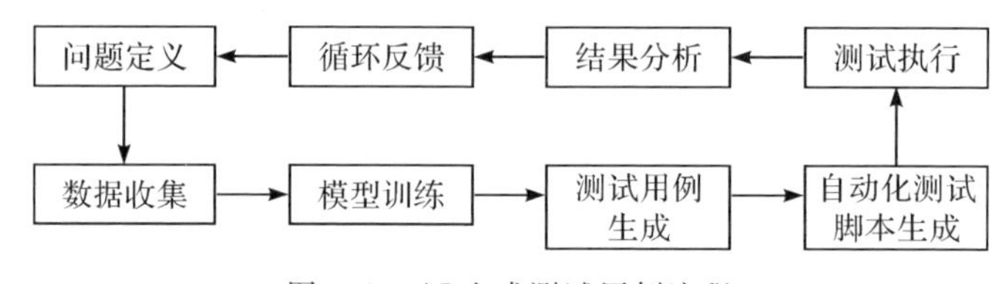

图4.1 AI生成测试用例流程

相关步骤的具体说明如下。

问题定义:明确定义测试用例的目标和范围,包括确定要测试的软件功能、系统组件以及测试的类型,如功能测试、性能测试或接口测试。

数据收集:为了生成测试用例,AI需要数据,不仅包括从需求文档、用户故事或其他相关文档中收集关于软件功能和测试需求的信息,还可以包括模拟用户行为所需的数据。

模型训练:AI模型需要在生成测试用例之前进行训练,包括使用自然语言处理模型、深度学习技术或其他机器学习方法来理解和分析收集的数据。

测试用例生成:AI根据已收集的数据和训练好的模型生成测试用例,包括编写测试步骤、输入数据和预期结果。

自动化测试脚本生成:如果需要自动化测试,AI还可以生成相应的测试脚本,以便在自动化测试工具中执行测试用例。

测试执行：测试用例可以由 AI 自动执行或者由测试团队手动执行，具体取决于测试类型和需求。

结果分析：一旦测试执行完成，AI 还可以用于分析测试结果。它可以检测问题、错误或异常，以帮助测试团队更快速地识别和解决问题。

循环反馈：基于测试结果，AI 测试用例生成系统可以提供反馈，帮助改进生成的测试用例的质量。这可以是自动进行的，也可以由测试团队手动进行。

4.2.3 AI 与传统测试用例生成方法的比较

(1)测试用例覆盖更广

传统的测试用例生成方法通常依赖于测试人员的经验和功能需求的描述。测试人员需要手动分析各种场景，并定义每种测试用例的通过标准。这种方法主要基于需求描述，通常忽略了源代码中的细节，如条件分支和循环。因此，传统测试用例生成在覆盖各种场景和代码结构上可能存在一定的局限性。然而在 AI 测试用例生成中，我们能够借助人工智能技术，对各种功能需求和场景进行深入分析。AI 不仅能够理解需求描述，还能结合我们编写的源代码，包括条件分支（如 if 语句、switch 语句）、循环结构（如 for 循环）等各种情况。这使 AI 能够设计更全面、更完善的测试用例，考虑多种不同的情况和可能的边界条件。

(2)能基于多种场景生成测试用例

传统测试用例生成方法通常是基于已知的需求描述，其覆盖范围受限于需求文档的详细程度。这种方法在多种测试场景下可能需要更多的人力和时间来生成测试用例，且难以覆盖代码中的各种复杂情况。但是 AI 测试用例生成具有广泛的应用领域，可以生成测试用例用于功能代码、接口、需求等多种测试场景。AI 可以自动探索不同的路径和输入，生成更全面的测试用例，以提高测试的覆盖率和效率。

(3)自动化

传统测试用例生成方法通常依赖于手动分析需求文档，因此容易受到测试人员的主观判断和疏忽的影响。这种方法可能无法有效地捕捉代码中的各种情况，导致测试不够全面，因而需要更多的人力和时间来进行测试。然而 AI 测试用例生成利用先进的自动化技术，可以根据多种输入源，包括需求文档和现有代码，生成全面的测试用例。它能够更全面地覆盖不同的测试场景，提高测试的效率和质量,减少人为错误的可能性。

(4)自适应测试

在传统测试用例生成中,测试人员通常需要手动编写和维护测试用例。每当应用程序发生变化时,测试用例也必须通过测试人员手动调整,以确保测试覆盖仍然有效。这个过程可能会消耗大量时间和资源,同时也容易出现遗漏或不适应变化的情况。然而AI测试用例生成采用自适应方法,它能够自动分析应用程序的变化,识别新的测试需求,并相应地生成或调整测试用例。这意味着在应用程序更新或修改时,测试用例可以迅速跟进,确保了测试的完整性和准确性。这一自适应性的特点为软件测试带来了前所未有的便捷性,同时提高了测试流程的效率和可靠性。

4.2.4 AI赋能的黑盒测试

传统的黑盒测试方法通常涉及人工测试员手动执行测试用例来模拟用户行为、评估软件或系统的性能和功能。然而,现代技术已经带来了一项令人兴奋的创新,为黑盒测试引入了AI智能体,这些智能体代表着人工智能的杰出应用,在黑盒测试领域展现出了巨大的潜力。

AI智能体能够以更迅速和准确的方式执行测试任务,降低了人为错误的风险,缩短了测试周期。它们在处理大规模和复杂系统方面具有优势,有助于确保软件系统的稳定性和安全性。

AI智能体能够模拟多种用户行为和边缘情况,以便检测潜在的漏洞和缺陷。它们能够在不同环境条件下执行测试,以验证软件在各种情况下正常运行。此外,它们能够迅速适应新的测试需求,提高了测试的灵活性。

在前述章节中,我们已经了解到AI在低代码领域能够快速生成各种维度的测试用例以满足需求。拥有这些测试用例,AI智能体可以更好地替代人类进行全面的自动化测试。

自动化测试在多个方面为互联网技术团队提供重要帮助,节省了团队宝贵的时间和资源,避免了他们繁重的手动测试工作。在日益敏捷的开发环境和持续测试中,传统的黑盒测试方法可能限制了整体功能的快速推进。测试自动化在很大程度上解决了这一问题,具有明显的优势。

引入人工智能自动化进一步扩展了机器学习的维度。机器学习可通过模拟人类理解、学习和执行行为来进行自动化测试,完全不需要实际人的干预。这种方法不仅提高了测试的效率,还为团队提供了更多的机会来集中精力于其他重要的任务。要让一个 AI 智能体代替人类进行自动化黑盒测试，一般需要经历以下几个步骤(见图 4.2)。

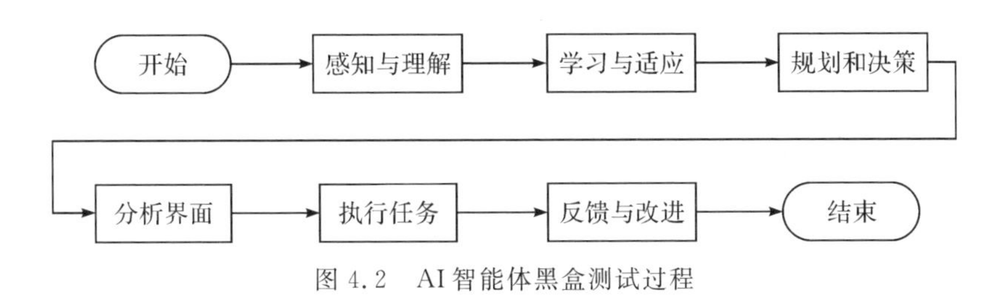

图 4.2　AI 智能体黑盒测试过程

①感知与理解。首先，AI 系统通过传感器或数据输入接口搜集大量信息，其中可能包括文本、图像、声音或传感器数据等。然后，AI 应用自然语言处理、计算机视觉、语音识别等技术来深入理解和诠释这些数据。这一阶段旨在模拟人类的感知和理解能力，使 AI 能够处理多种信息类型。

②学习与适应。AI 系统必须学习并适应新的情境和任务。这一过程通常涉及机器学习技术，如监督学习、无监督学习或强化学习。AI 系统会分析已有数据，探测模式，并随后应用这些模式来解决相似问题。这个过程类似于人类学习和适应新知识或技能。

③规划和决策。一旦 AI 系统积累足够多的知识和经验，便会进入规划和决策阶段，制定执行测试任务的策略，这可能包括应用搜索算法、优化技巧或决策树，以找到最佳解决方案。AI 系统会评估各种选择，权衡风险和回报，就像人类在决策过程中所做的工作一样。

④分析界面。AI 通过视觉分析以及需求文本描述确定进行黑盒测试的内容，如执行的输入操作、用户行为、控件位置和预期结果等。通过这些信息，AI 可以生成脚本文件或其他形式的测试命令。

⑤执行任务。AI 系统将执行测试任务，并在相关的软件应用测试界面上执行测试脚本，应用所学的知识和决策，这可能包括生成自然语言文本、创建图像或进行虚拟模拟等。AI 系统会监测执行过程，并在必要时进行调整，确保任务成功完成。

⑥反馈与改进。随着任务的不断执行，AI 系统将收集反馈信息，这些信息可以是来自传感器的数据、用户反馈或任务结果。AI 系统将利用这些信息不断改进自身性能，纠正错误，并提高未来任务执行的能力。

4.3 案例介绍

4.3.1 基于AI的逻辑编排测试用例生成

在软件测试中,产品的品控要求覆盖多个维度,包括功能、性能、安全、可用性等。然而,测试人员在编写测试用例时通常主要关注功能需求,很少考虑代码结构,这可能导致测试人员遗漏一些较为冷门的测试场景。在这种情况下,引入人工智能辅助测试具有显著的潜力。AI测试不仅关注功能需求,还结合了代码层面的信息,如代码分支、边界值等,从而实现了更全面的测试覆盖面。

(1)案例背景介绍

在当今的软件开发领域,通过低代码开发平台搭建应用软件已成为一种备受欢迎的方式,它可快速开发应用程序。这种平台允许开发人员使用直观的可视化工具,并且仅需要少量的编程知识,大幅缩短了开发周期。然而,对于测试团队而言,低代码开发平台的兴起引入了一系列新的挑战。

一软件公司开发了一种强大的低代码开发平台,其特点之一是逻辑编排的功能。这一功能使得开发人员可以轻松地借助该平台构建各种类型的应用程序接口服务。

现有一家物业管理公司的客户使用该平台成功通过可视化拖放各种功能组件以及出行组件的配置,并构建了组件间的关系,最终搭建了一个用户登录接口服务。然而,随着逻辑编排功能的复杂性不断增加,测试团队在进行白盒测试时产生了一系列挑战。首先,他们需要深入了解平台上的各种组件以及相关脚本语言,这使得测试门槛相对较高。其次,接口服务在构建后采用了领域内的格式语言,具有高度的定制性,这意味着测试人员只有深入理解该领域语言才能编写有效的测试用例。

其中的一个主要挑战是如何全面覆盖各种场景以及测试代码的边界情况和分支情况。应用程序的逻辑编排可能导致许多不同的路径和条件,因此需要进行详尽的测试以确保应用程序的质量。传统的测试方法可能需要投入大量的时间和精力,而且难以实现全面覆盖。

为了应对这一挑战,该软件公司计划借助人工智能技术。开发团队希望AI能够自动解读应用程序的代码和需求,然后生成全面的测试用例,这样将极大减轻测试团队的工作负担，提高测试效率，并确保应用程序在各种情况下都能够正常运行。

(2) AI 进行登录接口测试用例生成

主要步骤如下。

①创建登录接口服务：通过低代码开发平台的逻辑编排工具，通过可视化的方式连接各个组件，同时对相关的组件进行配置以及整体登录接口的出入参数的设置，搭建好登录逻辑流。

②文本输入预处理：为了使模型更好地理解需求和分析对应的代码功能，对应输入的 Prompt 结构如下。

逻辑编排的功能描述

各个组件的功能描述

语言规范

需求描述

测试的目标应用代码

相关数据表的基础数据前 5 条

目标

③生成测试用例：通过 AI 模型生成了如下各种维度的测试用例。

边界值测试：生成测试用例，包括极端情况下的用户名和密码，如非常短的密码、非法字符等。

有效性测试：生成合法的用户名和密码组合，以确保正常登录流程的有效性。

异常情况测试：测试用户名或密码错误、过期、或为空等异常情况下的登录请求。

性能测试：生成具有大量并发用户的测试用例，以评估接口的性能。

安全性测试：测试登录接口的安全性，如尝试注入结构代查询语言(Structured Query Language，SQL)、跨站脚本攻击(Cross Site Scripting，XSS)等。

④生成数据库基础数据操作语句(Data Manipulation Language，DML)：如果生成的测试用例包含新的数据库中没有存在的数据，需要通过再生成数据库基础数据操作语句来确保测试环境的一致性，包括插入、更新或删除用户信息、角色和权限等相关数据。

⑤提取登录测试用例：从生成的测试用例中提取登录用例，包括合法登录、非法登录、异常登录、性能测试用例等。需要确保这些用例包含了各种情况，以全面测试登录接口。

该公司通过 AI 生成测试用例,逻辑编排生成的代码和需求,生成了全方位的测试用例,提高了测试的覆盖率和多样性,确保了登录接口的质量和可靠性。

相关测试用例如下。

```
用例 1:测试用户名为空,密码为空
- 输入参数: username = "" (空值), password = "" (空值)
- 期望结果: 结果为 False
用例 2:测试用户名不为空,密码为空
- 输入参数: username = "testuser", password = "" (空值)
- 期望结果: 结果为 False
用例 3:测试用户名为空,密码不为空
- 输入参数: username = "" (空值), password = "testpass"
- 期望结果: 结果为 False
用例 4:测试用户名存在且密码匹配
- 输入参数: username = "existinguser", password = "correctpassword"
- 期望结果: 结果为 True
用例 5:测试用户名不存在
- 输入参数: username = "nonexistinguser", password = "anypassword"
- 期望结果: 结果为 False
用例 6:测试用户名存在但密码不匹配
- 输入参数: username = "existinguser", password = "wrongpassword"
- 期望结果: 结果为 False
用例 7:测试用户名存在但密码不匹配(长度边界)
- 输入参数: username = "existinguser", password = "wrongpassword"
- 期望结果: 结果为 False
用例 8:测试用户名存在但密码不匹配(特殊字符边界)
- 输入参数: username = "existinguser", password = "! @# MYM% ^"
- 期望结果: 结果为 False
```

AI 生成的测试用例涵盖了多个关键方面,包括长度、特殊字符等边界条件。此外,AI 还专门针对用户名和密码为空的情况进行了多种组合型测试。

4.3.2 基于 AI 的黑盒测试全流程自动化

(1)案例背景介绍

在当今的数字化时代,电商交易公司逐渐将业务重心从传统的 Web 应用迁移到移动应用平台，以更好地满足用户的需求并提供更多的便捷服务。这一战略性的举措在改善用户体验和扩大市场份额方面具有巨大潜力。然而，这一转变也伴随着一个普遍的挑战，即如何有效地测试和确保新开发的移动应用的质量和稳定性。

该电商公司在这个过程中面临着一个特别紧迫的问题，即缺乏专门的移动应用测试人员。传统的手动测试方法耗时长且容易出错，这对公司的开发和上线时间表产生了负面影响。此外，随着移动应用功能的不断扩展，维护和更新也变得更加复杂，需要更多的测试资源。

为了应对这一挑战，该电商公司决定探索基于人工智能的自动化测试能力。AI 自动化测试可以模拟用户的行为，自动化执行测试用例，发现用例潜在的问题和缺陷，从而提高测试效率和应用的质量。这种方法还有助于确保应用在不同设备和操作系统上的兼容性，为公司提供了更广泛的测试覆盖。

该电商公司的交易程序包括商品查询、购物车、下单进出入口记录等多个功能，而基于 AI 的自动化测试将有助于确保这些功能的可靠性和稳定性。这一创新性的方法不仅可以节省时间和人力，还有助于提高用户满意度，以促进该电商公司在竞争激烈的市场中的持续增长。通过引入 AI 测试自动化，该电商公司正在为未来的成功打下坚实的基础。

(2)进行电商软件的下单功能测试

在应对不断增长的电子商务市场需求时，电商交易公司必须确保软件的下单功能是高度可靠和对用户友好的。下单功能作为整个购物体验的关键部分，会直接影响用户的满意度和信任度。因此，该公司决定进行全面的下单功能测试，以确保其安全性和可靠性能够满足用户的期望。

这项测试旨在覆盖各种下单场景，从正常的购物过程到潜在的异常情况，以确保用户在任何情况下都能顺利完成下单操作。通过借助 AI 技术，我们可以有效生成多维度测试用例，包括用户选择不同商品、使用不同付款方式、填写不同送货地址等各种组合，以确保下单功能的充分覆盖。此外，该公司还将关注性能测试，以确保在高负载情况下下单操作的稳定性。

①AI 测试流程详解

当涉及移动应用的高效自动化测试时，人工智能技术的应用正在改变游戏规则，以下是一套完整的流程，如图 4.3 所示。

(a)界面捕获和分析：通过 AI 技术，我们能够捕获手机应用的下单界面，并获取页面的标题。这一步是测试的起点，帮助我们了解应用的当前状态和用户所面

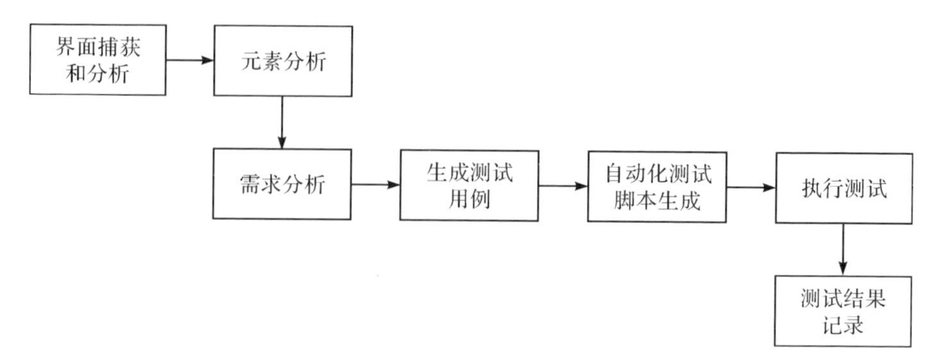

图 4.3 全自动化流程

对的界面。

(b)元素分析:AI 进一步分析捕获到的界面,确定关键元素,如商品添加按钮以及立即购买按钮等。这有助于 AI 精确地模拟用户的交互操作。

(c)需求分析:借助页面的标题、风格等信息,AI 可以理解界面上的功能需求。通过语义搜索能力,从需求描述中分析出具体要实现的功能,以确保测试的目标明确。

(d)生成测试用例:AI 根据上述功能需求描述和界面元素信息,自动生成相关的测试用例。这一步保证了测试的全面性和系统性,涵盖了各种潜在的使用场景。

(e)自动化测试脚本生成:基于生成的测试用例,AI 自动创建相应的应用测试自动化脚本。这些脚本是模拟用户行为的关键工具,用于执行测试用例。

(f)执行测试:AI 分析执行相应的下单页面脚本命令,实现自动化测试。这确保了测试的一致性和可重复性,减少了人为错误的可能性。

(g)测试结果记录:每次执行测试用例后,AI 会记录相关的测试场景、输入数据以及测试结果。这有助于我们追踪测试进度和问题排查。

通过以上流程,该公司实现了针对应用程序的高效自动化测试,提高了测试覆盖率和准确性。

②问题分析和异常处理

(a)AI 分析测试失败的异常信息:当 AI 进行下单功能模块的自动化测试时,有时会遇到测试用例失败的情况。在这种情况下,AI 首先会捕获异常信息,包括但不限于错误消息、堆栈跟踪和界面截图。这些信息有助于识别问题的根本原因。

(b)该公司在进行测试遇到的几个问题。

- 网络连接问题

异常信息提示了网络请求或响应错误。

下单操作可能受到网络不稳定性的影响。

AI 会检查网络状态,尝试重新连接,或者提供网络配置建议。

- 元素定位问题

异常信息表明 AI 无法找到商品添加控件、减少控件或立即购买按钮。

可能是应用的界面结构变化导致元素定位失败。

AI 会尝试更新元素定位策略或通知开发团队调整应用结构。

- 应用崩溃

异常信息可能表明应用崩溃。

这可能与应用程序本身的稳定性问题有关。

AI 会记录崩溃信息,报告问题并建议开发团队修复。

- 性能问题

异常信息可能指出下单操作耗时过长。

这可能是性能问题,如响应时间过长。

AI 会监测应用性能,收集性能数据,并提供性能优化建议。

不论是什么原因导致的测试失败,AI 都能快速识别问题并提供详细的异常信息,从而加速问题的解决过程。AI 的自动问题分析和异常处理机制有助于确保下单功能的稳定性和可靠性,提高了测试效率。

③测试报告生成

自动化测试报告是在该公司利用 AI 技术模拟用户行为进行手机应用测试后生成的重要文档。该报告提供了详细的信息,以下是报告的参考内容和格式。

- 报告标题:自动化测试报告-APP 下单模块。
- 报告日期:2023.08。
- 设备:Android 模拟器。
- 操作系统:Android 12。
- 应用版本:电商交易公司 APP 版本 2.0.1。
- 执行测试的 AI 版本:AI 测试工具 v1.5.0。
- 测试用例概述:本次测试主要针对电商交易公司的应用程序下单模块进行自动化测试,测试用例覆盖了收货地址选择、优惠券使用、门店选择、预购买商品的信息、支付方式选择、是否开发票以及提交订单等功能。

测试执行概况(下单功能)。

- 测试用例总数:7。
- 通过数:7。
- 失败数:0。
- 跳过数:0。

下面是下单功能的详细测试报告。

- 测试用例:收货地址选择。

测试结果:通过。

详细描述:测试成功选择并确认了收货地址,没有出现错误。

- 测试用例:优惠券使用。

测试结果:通过。

详细描述:优惠券成功应用到订单,订单金额正确减少。

- 测试用例:门店选择。

测试结果:通过。

详细描述:用户成功选择了门店作为订单的配送点,订单显示了正确的门店信息。

- 测试用例:预购买商品的信息。

测试结果:通过。

详细描述:用户能够成功查看和编辑预购买商品的信息,修改后订单总价正确更新。

- 测试用例:支付方式选择。

测试结果:通过。

详细描述:用户成功选择了支付方式,订单页面显示了正确的支付方式信息。

- 测试用例:是否开具发票。

测试结果:通过。

详细描述:用户能够成功选择是否需要开发票,订单信息正确反映了开发票的选择。

- 测试用例:提交订单。

测试结果:通过。

详细描述:用户成功提交了订单,系统返回了订单确认页面,订单状态显示为待支付。

- 测试用例:点击返回按钮。

测试结果:失败。

详细描述：异常无法返回到上一个界面。

测试报告总结如下。

自动化测试成功执行了大部分测试用例，验证了下单功能的正常操作。然而，测试用例中发现了一个应用程序崩溃的问题，需要进行进一步的调查和修复。这份报告提供了详细的测试结果，有助于开发团队识别和解决问题。

分发测试报告如下。

测试报告已通过电子邮件发送给相关测试人员和开发人员，以便他们及时了解测试结果和采取必要的行动。报告也被存档以供将来参考。

(b)分发测试报告

完成测试后，我们需要将自动生成的测试报告发送给相关测试人员，以便他们及时了解测试结果和采取必要的行动。以下是分发测试报告的步骤。

- 报告收件人：确定接收测试报告的测试团队成员，包括测试经理、开发人员和其他利益相关者。
- 报告传送方式：使用电子邮件或内部通信工具，将报告以附件的形式发送给相关人员。
- 报告存档：在公司内部的测试报告存档系统中保存副本，以备将来的参考和审查。
- 通知：通过钉钉发送通知到测试人员，提醒相关人员测试报告的可用性，以确保他们及时查看和采取行动。

通过自动生成的测试报告，相关测试人员可以清楚地了解下单功能的测试结果，包括通过的测试用例、失败的测试用例以及可能存在的问题等。

第5章　AI赋能低代码应用部署

在数字化时代，低代码应用开发已成为企业迅速推进数字化转型的得力工具。为了进一步提高低代码应用的部署效率和运维智能化水平，我们将人工智能引入其中，以发挥其强大的赋能作用。本章将深入探讨人工智能在低代码应用运维领域的关键作用，促进智能部署和智能监控的实现。

5.1　AI部署应用介绍

低代码开发平台虽然在应用程序的开发上具有高效率的优势，但和传统的应用程序开发一样，在部署上存在一些挑战。比如，低代码开发平台在不同系统（如Windows、Linux等）去部署服务的时候，仍然需要编写大量的部署脚本，而且这些脚本很大程度上依赖于运维人员的专业水平，导致部署成本较高且容易出问题。此外，引擎复杂性的不断增加，包括多层架构、分布式系统、大规模并发等，使得AI智能部署变得更加复杂和困难。这种部署方式往往需要投入大量的人力资源和时间，并容易引发错误和延误。

为了解决这些部署难题，智能运维（Artificial Intelligence for IT Operations，AIOps）成了一种有力的解决方案。AIOps是一种结合了人工智能和运维技术的方法，旨在通过自动化和智能化的方式提高互联网技术的运维效率和效果。AIOps的目标是减轻运维人员的负担，提供更快速、准确的决策支持。通过机器学习分析历史数据，自动识别潜在的故障和性能问题以及自动生成部署脚本代码等，AI赋能低代码开发平台，提供更高效、智能和可靠的部署解决方案。通过分析历史数据、学习部署模式和优化算法，AI可以生成最佳的部署配置，自动调整资源分配并优化系统性能。以下是一些AIOps在应用部署方面的重要应用和技术。

①自动化部署:AIOps 可以利用自动化技术来实现应用程序和服务的自动化部署。通过事先定义好的工作流程和脚本,AIOps 可以自动执行部署任务,包括软件安装、配置、依赖管理和资源分配等。这可以大大减少手动操作,提高部署的效率和一致性。

②容器化和微服务:AIOps 支持将应用程序进行容器化和微服务化的部署模式。通过使用容器技术(如 Docker)和微服务架构,AIOps 可以实现应用程序的模块化部署,提供更高的可扩展性和弹性。它可以自动管理容器的生命周期,包括启动、停止、伸缩和监控等。

③持续集成和持续部署(Continuous Integration and Continuous Delivery, CI/CD):AIOps 可以集成到 CI/CD 流程中,实现持续集成和持续部署。它可以自动监测代码仓库的变化,并触发构建、测试和部署流程。AIOps 可以通过自动化测试、代码质量分析和自动化部署等功能,加速软件的交付速度和质量。

④配置管理和版本控制:AIOps 可以帮助管理应用程序的配置和版本控制。它可以自动跟踪和记录应用程序的配置信息,包括环境变量、依赖关系和参数设置等。同时,AIOps 还可以帮助管理不同版本的应用程序,并提供版本控制和回滚的功能。

5.2 AI 部署原理

AI 赋能低代码应用智能部署的原理是通过结合人工智能技术和低代码开发平台的特点,实现自动生成部署配置文件的功能。这一原理涉及图 5.1 中的几个步骤。

图 5.1　AI 赋能低代码应用智能部署的原理

①构建数据集:针对目标部署环境,系统先通过采集相关参数条件,如硬件配置、网络情况等。然后,将采集到的相关数据制作成为高质量的数据集,并用于 AI 模型的微调训练。

②AI 模型训练:在数据采集和分析之后,AI 模型将被训练以理解各种部署环境的特征和要求。此过程利用深度学习技术和历史数据,对输入的环境参数进行

建模，以预测最佳的部署配置。通过大量的训练样本和迭代优化，AI 模型逐渐提取出不同环境与部署配置之间的关联规律。

③部署配置文件生成：一旦 AI 模型完成训练，该模型可以根据开发人员提供的应用程序要求和目标环境的参数，如应用程序的资源需求、服务器的配置、是否集群部署、端口运行情况等，以及结合训练得到的知识和历史数据，在短时间内自动生成最优的部署配置文件。这个自动生成的配置文件将为开发人员后续的部署工作提供准确且高效的指导。

5.2.1　构建数据集

(1)数据采集

针对目标部署环境，系统通过采集相关参数条件，如硬件配置、网络情况等。这些数据将被用于 AI 算法的训练和分析，如图 5.2 所示。

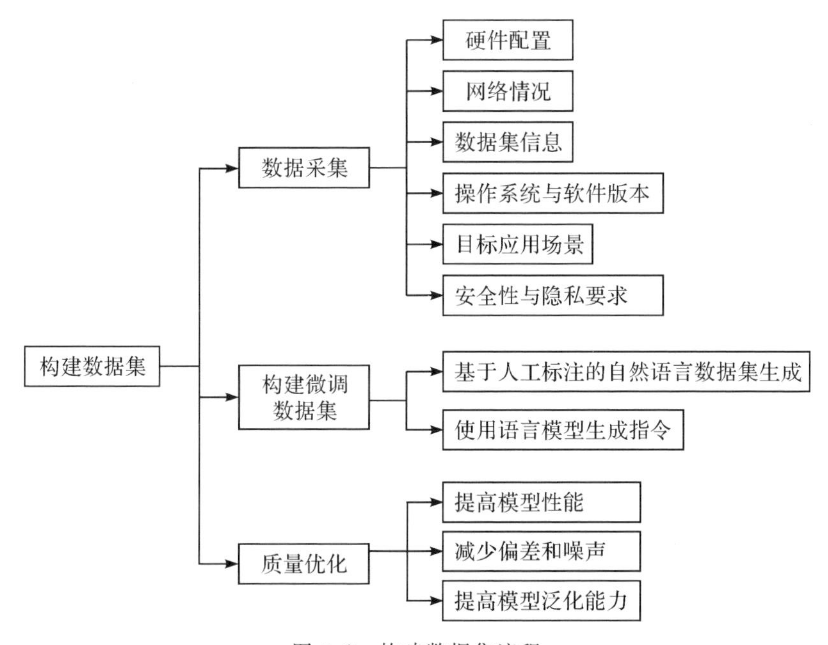

图 5.2　构建数据集流程

在训练能够智能部署应用引擎的 AI 模型时，需要采集以下相关数据信息。

①硬件配置：收集包括处理器型号、内存容量、硬盘容量、GPU 配置等硬件信息。这些信息将有助于确定模型在特定硬件上的运行能力和性能。

②网络情况：收集有关网络带宽、延迟和稳定性的信息。这对于评估模型在

不同网络环境下的部署效果非常重要,特别是如果应用需要通过网络进行高质量通信时。

③数据集信息:了解用于训练模型的数据集特征,包括数据集大小、维度、标签分布以及是否存在缺失值或异常值等因素。这有助于了解模型对不同数据集的适应能力。

④操作系统和软件版本:记录操作系统和相关软件(如 Python、TensorFlow 等)的版本号。这有助于确保在不同环境中正确地配置和运行模型。

⑤目标应用场景:了解应用引擎将用于哪些具体的应用场景以及它所需的函数或操作。这有助于确定模型的设计和功能需求。

⑥安全性和隐私需求:确保了解任何安全性和隐私方面的要求,如数据加密、访问控制等。这有助于在部署引擎时采取必要的安全措施。

(2)构建指令微调数据集

指令微调(Instruction Fine-Tuning)是一种使用语言模型进行任务导向的微调方法,通过为模型提供明确的指令或示例来指导模型生成特定的输出。

在指令微调中,首先需要准备一个包含指令或示例的数据集。这些指令或示例可以是人类生成的,用于指导模型生成特定的响应或行为。例如,在对话系统中,可以提供一些对话示例,其中包含用户的问题和期望的回答。

随后,将这个数据集对预训练的语言模型进行微调。微调的目标是使模型能够根据指令或示例生成正确的输出。这可以通过在微调过程中最小化模型生成结果与期望输出之间的差异来实现。

指令微调的优点是可以通过提供明确的指令或示例来指导模型的行为,从而使模型更加可控和可预测。它将应用于引擎部署的任务。

构建微调训练数据集主要有如下两种方法。

①基于人工标注的自然语言数据集生成。在这种方法中,标注人员根据标注指导(包括标签定义、标注规则、示例标注等),对引擎部署的原始代码数据进行标注,并制作指令-回答对。一般来说,指令由三个部分组成:用自然语言描述任务的定义;正面例子,即输入和正确输出的样本以及每个样本的简短解释;负面例子,即输入和不希望输出的样本以及对每个样本的简短解释。为了确保数据集的质量和准确性,需要对标注后的数据进行校对和质量控制,这可以通过多人标注相同数据、随机抽样校对、专家审核等方式进行。校对和质量控制的目标是发现和纠正标注错误或不一致的情况。在数据集整理阶段,需要对标注后的数据进行整理和格式化,以符合模型训练的要求,包括数据的划分、去除重复数据、数据清洗

等操作。数据集整理的目标是提供一个干净、高质量的微调数据集，用于后续的模型训练。

②使用语言模型生成指令：另一种快速获取给定输出所需指令的方法是，利用已经在大规模数据上进行预训练的语言模型（如 GPT-3.5-Turbo 或 GPT4）作为指令生成器，扩展基于少量手写种子指令。具体来说，我们可以先将输出提供给预训练模型，并使用模型生成相应的指令。然后将收集到的指令-回答对与人工标注的数据进行混合，形成最终的微调训练数据集，以便用于后续语言模型的微调工作。

(3)质量优化

制作微调数据集的重要性在于为模型提供特定任务的相关样本，以便进一步优化模型的性能。微调数据集可以帮助模型更好地适应引擎部署任务的要求，提高模型的准确性和泛化能力。值得注意的是，制作高质量数据集对于深度学习任务的成功至关重要。

①提高模型性能：高质量的数据集可以提供准确、全面和多样化的样本，帮助模型学习到引擎部署更准确的模式和特征。这样可以提高模型的性能和准确性，生成语法正确、语义符合的代码。

②减少偏差和噪声：高质量的数据集可以减少样本中的偏差和噪声。通过仔细筛选和清洗数据，可以确保数据集中的样本具有一致性和可靠性，避免对模型的不良影响。

③提高模型的泛化能力：高质量的数据集可以帮助模型更好地泛化到未见过的样本。通过包含多样性和广泛性的样本，模型可以更好地学习到数据的分布和特征，从而提高对新样本的泛化能力。

5.2.2　AI模型训练

预训练语言模型通过大规模的无监督学习从海量的文本数据中学习到了丰富的语言知识和语言模式。然而，由于预训练模型的目标是通用的语言理解，它并没有针对具体任务进行优化。因此，为了在特定任务上取得更好的性能，需要对预训练模型进行微调。

在软件生成领域，特别是代码生成方面，微调预训练语言模型可以帮助生成更准确且语义更丰富的代码。例如，可以使用微调来生成特定编程语言的代码片段、自动完成代码、进行代码注释等。微调可以通过给定的输入提示来引导模型生成特定的代码。这些输入提示可以是任务描述、代码片段的上下文信息、特定的编程问题等。通过微调,模型可以学习到生成符合语法规则和语义逻辑的代码。

比如,Meta AI 发布的 Code Llama 是一个基于 Llama 2 微调的大型代码语言模型系列,它在开源模型中提供了最先进的性能、填充能力、对大型输入上下文的支持,以及编程任务的零样本指令遵循能力。Meta AI 提供多种风格以覆盖广泛的应用:基础模型(Code Llama)、Python 专门化(Code Llama-Python)和指令遵循模型(Code Llama-INSTRUCT),每个模型均具有 7B、13B 和 34B 参数。所有模型都在 16k 个标记的序列上进行训练,并且在输入多达 100000 个标记时显示出改进。其中,7B 和 13B 的 Code Llama 与 Code Llama-INSTRUCT 支持基于周围内容的填充。在几个代码基准测试中,Code Llama 在开源模型中达到了最先进的性能,在 HumanEval 和 MBPP(Mostly Basic Python Programming)上的得分分别高达 53%和 55%。

在深度学习中,微调预训练模型是一种常用的方法,它可以在特定任务上快速适应预训练的模型,并且可以节省训练时间和计算资源(见图 5.3)。

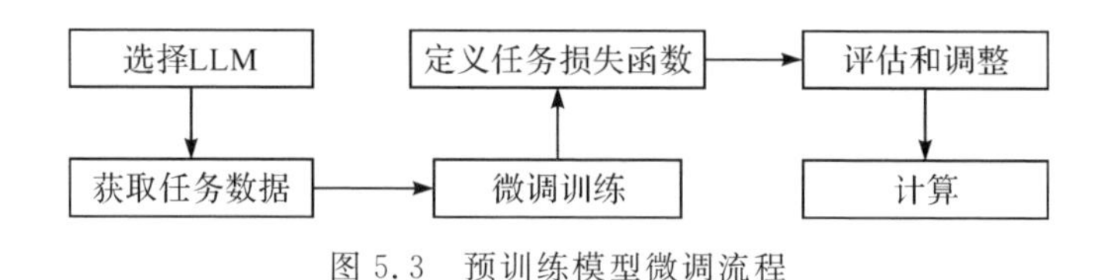

图 5.3 预训练模型微调流程

①选择预训练 LLM 模型:首先,我们需要查看已存在的预训练模型,在相关任务上的性能和效果,找到与研究的任务领域和任务类型尽可能接近的预训练模型。注意模型的大小和计算资源需求。大型预训练模型通常需要更多的计算资源和内存,因此需要评估可用的计算资源是否足够支持选择的模型。

②获取任务数据:接下来,我们需要准备一个特定任务的标记或人工标注的数据集。这个数据集与我们要解决的任务相关,如引擎部署的相关参数和脚本代码。

③微调训练:使用任务数据和定义好的损失函数,我们使用反向传播算法来调整顶层结构的参数,以最小化损失函数。在这个过程中,模型要逐渐调整以更好地适应特定任务的要求。

④定义任务损失函数:我们根据任务的要求定义一个适当的损失函数,用于衡量模型预测结果与标签之间的差异。在代码生成任务中,可以将生成的代码视为序列数据,使用交叉熵损失函数来衡量生成的代码序列与目标代码序列之间的

差异。交叉熵损失函数可以帮助优化生成模型,使其生成更接近目标代码的结果。

⑤评估和调整:在微调过程中,我们可以使用一部分验证数据来评估模型的性能。根据验证的结果,我们可以调整超参数或微调策略,以优化模型的性能和泛化能力。

微调预训练模型的优势在于它能够利用大规模预训练模型的语言表示学习能力,并通过少量标记的数据来适应特定任务,从而在许多自然语言处理任务中取得较好的效果。

在构建数据集后,预训练模型将被微调训练以理解各种部署环境的特征和要求。此过程利用微调技术和历史数据(如硬件配置、操作系统和软件版本等),对输入的环境参数进行建模,以预测最佳的部署配置。通过大量的训练样本和迭代优化,AI 模型逐渐提取出不同环境与部署配置之间的关联规律。

目前,有几种主流的微调方法被广泛应用于代码生成任务。以下是对全量微调(Full Fine-Tuning)、提示调优(Prompt-Tuning)和 LoRA(Low-Rank Adaptation of Large Language Model)这三种方法的定义、优缺点的总结(见图 5.4)。

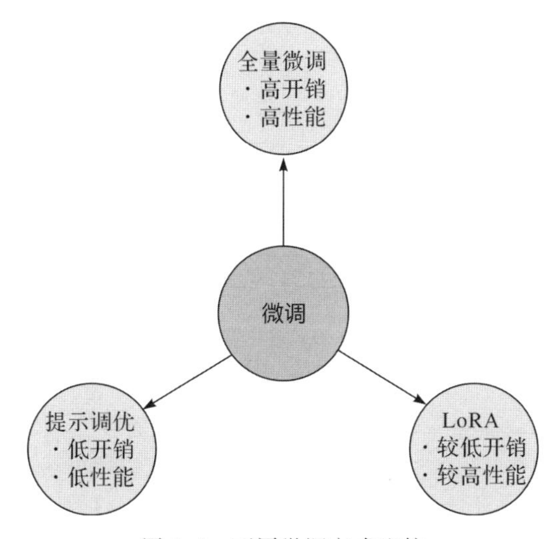

图 5.4　不同微调方式比较

①全量微调:全量微调是指对整个预训练模型的所有参数进行微调。这种方法可以充分利用预训练模型的语言理解和生成能力,因此在一些复杂的代码生成任务中可能表现较好。全量微调的优点是可以获得最大的灵活性和表达能力,但缺点是微调过程需要大量的计算资源和时间。

②提示调优:Prompt Tuning 通过修改输入序列的一部分来微调模型。通常,这些修改的部分是问题或陈述,以引导模型生成特定的代码。Prompt Tuning 相对于全量微调来说,参数量较少,训练成本较低。它在问答、文本生成等任务中表现出色。优点是可以通过设计合适的提示来引导模型生成符合预期的代码,但缺点是可能需要手动设计和调整提示,且对于复杂任务的表现可能有限。

③LoRA:LoRA 是微软提出的一种微调方法,适用于大规模语言模型。LoRA 的基本原理是冻结预训练模型的参数,根据大模型的网络结构以及结合子任务的需求,选择合适的全连接层或者卷积层等,然后只训练新增的网络层参数。由于新增参数数量较少,这种方法可以显著降低微调的成本,同时获得接近全模型微调的效果。LoRA 的优点是在保持模型性能的同时减少了微调的计算资源和时间消耗,但缺点是可能对某些复杂任务的表现略有下降。

总的来说,微调是在预训练语言模型的基础上进一步训练以适应特定任务的方法。在代码生成领域,微调可以帮助模型生成更准确、更具语义的代码。全量微调、提示调优和 LoRA 是三种主流的微调方法,它们在代码生成中拥有各自的优势和适用场景。选择合适的微调方法取决于任务的复杂性、计算资源和时间的限制以及对性能和效率的需求。

5.2.3 部署配置文件生成

当微调训练完成后,AI 模型可以结合历史数据和环境特征,分析引擎或者应用程序的资源需求和工作负载模式,预测未来的容量需求。低代码开发平台提供了可视化界面,开发者可以配置引擎或应用的基本信息,如请求频率、并发用户数等。AI 模型根据这些信息生成最佳的容量规划建议,包括计算资源分配、数据库配置等,帮助开发者快速生成适应目标环境的部署配置,包括容器映像、网络设置、依赖项安装等。这样,开发者可以使用 AI 模型在短时间内完成低代码开发平台引擎的部署工作,而无需手动编写烦琐的部署脚本或命令。

下面是一种常见的流程来使用 AI 模型生成部署配置文件(见图 5.5)。

①建立会话:首先,在一个适当的平台上启动 AI 模型的对话,可以通过网页接口、手机应用或编程接口等方式实现。

②提出请求:运维人员向 AI 模型描述他们需要的 Bash 脚本,包括脚本的目标、需要执行的任务以及所需的输入和输出等信息。例如,他们可以提供引擎部署的环境配置、依赖软件包等。

③获取脚本:在提供足够的信息后,AI 模型将尝试生成一个符合引擎部署要求的 Bash 脚本。AI 模型根据其训练得到的知识和历史数据,结合运维人员提供

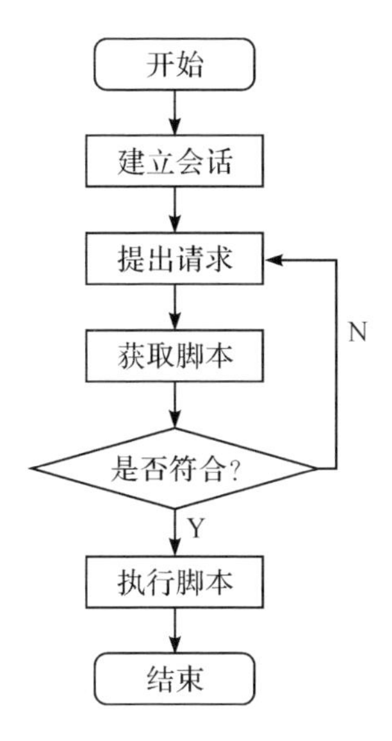

图5.5 AI模型生成部署配置文件流程

的参数,为其自动生成脚本。

④优化和调整:运维人员可能需要与AI模型进一步对话,以优化和调整生成的脚本,直到达到满意的结果为止。这个过程可能包括修改参数、添加特定的逻辑或进行额外的定制化等。

⑤执行脚本:一旦生成了满意的部署脚本,运维人员可以将其执行在目标服务器系统上,完成引擎的部署。这个脚本将根据预定义的配置和任务要求,自动完成必要的操作,如修改配置文件、安装依赖项等。

通过使用AI模型生成部署配置文件,运维人员可以节省大量的时间和精力,确保生成的配置文件符合要求,提高部署的准确性和效率。以下是相关的案例演示。案例1:编写一个Bash脚本用于配置数据库,包括创建数据库和修改MySQL配置文件,通过重启MySQL使配置生效;案例2:编写一个Bash脚本用于检查服务器环境,包括获取硬件配置信息、检查netstat命令是否安装以及检查环境变量和端口号的状态;案例3:编写一个Bash脚本用于修改配置文件中的端口号和Java环境路径,并使配置文件生效。

案例 1

User:编写一个数据库配置的 Bash 脚本,要求:

1.初始化时会在配置的 mysql 中创建 base,bpm,rubik_running,monitor_local_dev 四个数据库,如果当前 mysql 中存在同这个四个名称相同的数据库,会导致初始化失败。

数据库配置修改如下:

用 root 登录,修改 vi /etc/my.cnf

在[mysqld]节点下,加入:

[mysqld]

lower_case_table_names= 1 # 不区分表名大小写

max_connections= 1000 # 最大连接数为 1000

max_allowed_packet= 256M # 最大数据传输包为 256M

innodb_strict_mode= 0 # 限制为非严格格式

innodb_log_file_size= 500M # mysql 的数据库的存储大小

innodb_log_buffer_size= 800M # mysql 的数据库的存储大小

重启 MySQL : service mysqld restart

Assistant:以下是一个用于配置数据库的 Bash 脚本的示例:

```
#!/bin/bash
# 创建数据库
mysql -uroot -p<password> -e "CREATE DATABASE IF NOT EXISTS base;"
mysql -uroot -p<password> -e "CREATE DATABASE IF NOT EXISTS bpm;"
mysql -uroot -p<password> -e "CREATE DATABASE IF NOT EXISTS rubik_
running;"
mysql -uroot -p<password> -e "CREATE DATABASE IF NOT EXISTS monitor_local_
dev;"
# 修改配置文件
sudo vi /etc/my.cnf
# 在[mysqld]节点下添加以下配置 echo "
[mysqld]
lower_case_table_names= 1
max_connections= 1000
max_allowed_packet= 256M
innodb_strict_mode= 0
innodb_log_file_size= 500M
innodb_log_buffer_size= 800M
```

```
" |  sudo tee - a /etc/my.cnf
#  重启 MySQL
sudo service mysqld restart
```

请替换<password> 为你的 MySQL root 用户的密码。

将以上脚本保存为 configure_database.sh 文件，然后运行以下命令来执行脚本：

```
chmod + x configure_database.sh
./configure_database.sh
```

脚本将按照要求创建数据库，并修改 MySQL 的配置文件。最后，MySQL 将被重启以使配置生效。

案例 2

User:编写一个检查服务器的 Bash 脚本 check_env.sh，要求：

1.硬件配置

CPU 核心数：

磁盘空间：

物理内容：

系统版本：

判断 netstat 命令是否安装

netstat 命令 ：

判断 prot.conf 是否 keyong

Java 环境变量：

端口号 7780：

端口号 7770：

端口号 7772：

端口号 7082：

端口号 7086

Assistant:下面是 check_env.sh 的脚本示例，用于检查服务器环境：

```
#！/bin/bash
#  获取硬件配置
cpu_cores= MYM(grep - c ^processor /proc/cpuinfo)
disk_space= MYM(df - h |  awk '/^‘dev‘/ {total+ = MYM2} END {print total}')
physical_memory= MYM(grep MemTotal /proc/meminfo |  awk '{print MYM2/1024/1024 " GB"}')
system_version= MYM(lsb_release - ds)
```

```
echo "硬件配置:"echo "CPU 核心数:MYMcpu_cores"echo "磁盘空间:MYMdisk_space"
echo "物理内存:MYMphysical_memory"echo "系统版本:MYMsystem_version"
echo
# 检查 netstat 命令是否安装 if command -v netstat &> /dev/null; then
    echo "netstat 命令已安装"else
    echo "netstat 命令未安装"fi
echo
# 检查环境变量和端口号 echo "环境变量和端口号:"if [[ -n "MYMJAVA_HOME"
]]; then
    echo "Java 环境变量已设置"else
    echo "Java 环境变量未设置"fi
if netstat -tln | grep -qE ":7780 "; then
    echo "端口号 7780 已被占用"else
    echo "端口号 7780 可用"fi
if netstat -tln | grep -qE ":7770 "; then
    echo "端口号 7770 已被占用"else
    echo "端口号 7770 可用"fi
if netstat -tln | grep -qE ":7772 "; then
    echo "端口号 7772 已被占用"else
    echo "端口号 7772 可用"fi
if netstat -tln | grep -qE ":7082 "; then
    echo "端口号 7082 已被占用"else
    echo "端口号 7082 可用"fi
if netstat -tln | grep -qE ":7086 "; then
    echo "端口号 7086 已被占用"else
    echo "端口号 7086 可用"fi
```

你可以将以上脚本保存为 check_env.sh 文件,并在终端中运行 bash check_env.sh 来执行检查。脚本将输出硬件配置信息、netstat 命令是否安装以及环境变量和端口号的状态。

案例 3

User:编写一个 bash 脚本,修改端口以及 Java 环境,默认不需要修改,端口冲突时可以按照以下方案进行修改。

要求:

1.配置文件

引擎的配置文件 prot.conf

prot.conf 的格式：

JAVA_HOME= /run- engine/yuantiaotech/jdk # java 环境的地址

ENGINE_PORT= 7780 # engine 服务的端口号

BASE_PORT= 7770 # base 服务的端口号

BPM_PORT= 7772 # bpm服务的端口号

RUBIK_PORT= 7778 # rubik 服务的端口号

MONITOR_PORT= 7082 # monitor 服务的端口号

LOGIC_PORT= 7086 # logic 服务的端口号

2.使配置文件生效

修改配置文件 prot.cnf 中端口号后，使配置文件生效，运行：sh set_port.sh

Assistant:好的，下面是一个示例的 Bash 脚本，可以修改端口以及 Java 环境注释并使配置文件生效：

```
# ! /bin/bash
#  备份配置文件 cp prot.conf prot.conf.bak
#  获取用户输入的新端口号 read - p "请输入新的端口号(默认是 7780): " new
_port
new_port= MYM{new_port:- 7780}
#  修改端口号
sed - i "s/ENGINE_PORT= ./ENGINE_PORT= MYMnew_port/g" prot.conf
#  修改 Java 环境路径
read - p "请输入 Java 的安装路径(默认是/run- engine/yuantiaotech/jdk): " java_home
java_home= MYM{java_home:- /run- engine/yuantiaotech/jdk}
sed - i "s@JAVA_HOME= .@JAVA_HOME= MYMjava_home@g" prot.conf
#  使配置文件生效
source set_port.sh
echo "端口号和 Java 环境路径已更新并配置文件生效。"
```

请确保将该脚本保存为名为 modify_config.sh 的文件，并将其与 prot.conf 和 set_port.sh 放在同一目录下。

当你运行 sh modify_config.sh 时，脚本会提示你输入新的端口号和 Java 安装路径。如果你想使用默认值，只需按回车。

脚本会首先备份 prot.conf 文件，然后根据用户的输入更新端口号和 Java 环境路径。最后，它会执行 set_port.sh 脚本以使配置文件生效。

请确保在运行脚本之前，set_port.sh 脚本已经正确设置了配置文件。

第6章 低代码应用集成AI服务

6.1 低代码应用集成AI服务的背景

AI已成为推动各行各业创新和转型的关键力量，但企业在尝试将AI集成到现有业务流程中时，常常面临技术复杂、集成成本高、维护难等挑战。这些问题限制了AI技术的广泛应用和AI潜力的充分发挥。低代码开发平台通过提供用户友好型的界面和简化的编程模型，使非技术背景的用户也能够快速构建应用程序。基于此特性，低代码开发平台在集成AI服务方面展现出了巨大的潜力。低代码开发平台通过提供预构建的AI模块和模板，大幅降低了技术门槛，加速了AI技术的落地和创新。这种结合不仅提高了开发效率，降低了开发成本，还为企业提供了更灵活、更快速响应市场变化的能力。

本节主要从AI集成使用的困境和利用低代码开发平台集成使用AI服务的优势两个方面介绍低代码应用集成AI服务的背景。

6.1.1 AI集成使用的困境

人工智能在当今社会的许多领域扮演着关键角色，推动着科技创新，为各行各业带来了智能化和高效化的解决方案。然而在当前阶段，一般用户在面对人工智能时，经常面临着如下一系列挑战。

- 技术门槛：AI应用的技术门槛高主要源于其涉及的复杂算法和模型。普通用户通常缺乏相关的技术背景和知识，使理解和使用这些应用变得困难，使用户在涉及高等数学和计算机科学知识的应用时感到陌生和无法适应。
- 缺乏培训和教育：AI技术的普及和广泛应用需要系统的培训和教育。当前，多数人对于AI技术的理解相对浅显，而缺乏有针对性的培训。这导致用户难以掌握 AI 应用的基本操作和原理,一定程度上限制了他们更深层次的应用和创新。

- 用户界面不友好:一些 AI 应用在用户界面设计上可能过于专业化,难以为非专业用户提供直观、友好的操作体验。这使得用户在使用这些应用时会感到困扰,增加了使用难度。因此,友好的用户界面设计对于提高用户的接受度和体验感至关重要。

- 黑盒模型:某些 AI 系统采用的深度学习模型被认为是"黑盒模型",其内部决策过程难以理解和解释。这使用户难以推测系统的工作原理,降低了用户对于应用的信任度,也影响了其对于应用的使用欲望。

- 复杂参数设置:对于一些高级 AI 应用,用户可能需要了解和调整复杂的参数。这对于普通用户来说可能是一个陌生且烦琐的任务,令用户无法在应用中充分发挥应用潜在的功能。

AI 应用上手难度高的问题主要集中在技术门槛、缺乏培训和教育、用户界面不友好、黑盒模型、复杂参数设置等方面。对于普通用户和业务人员来说,这些因素共同导致了他们理解和使用 AI 应用变得具有挑战性。技术门槛高、缺乏培训和教育导致了用户对于 AI 应用基本操作和原理难以掌握。用户界面不友好、黑盒模型、复杂参数设置等则使用户在应用中感到困扰和陌生。因此,要提高 AI 应用的可接受性和普及度,需要采取措施改善用户界面设计、加强培训和教育、提供更直观的解释机制等。

6.1.2 低代码应用集成 AI 服务

低代码应用的特点包括用户友好的可视化界面、快速开发周期、易于集成现有系统以及支持多平台部署等。这些特点使低代码应用成为企业加速应用开发的重要选择,同时也为 AI 集成提供了便捷的基础。利用低代码的特性可以在低代码开发平台中集成 AI 模块,为普通用户和业务人员提供了更直观、简化的方式,使其能够充分利用人工智能技术而无需深厚的技术背景。集成使用和独立使用 AI 服务对比见图 6.1。

- 首先,低代码开发平台需要预先构建 AI 模块和组件,包括自然语言处理、图像识别、预测分析等功能。用户只需选择适用于其业务场景的模块,然后根据具体需求进行配置。这样简化了整个集成流程,使用户能够在短时间内实现 AI 功能的集成,而无需深入了解 AI 算法的细节。

- 然后,通过低代码开发平台,用户可以通过图形界面进行操作,而无需深入了解编码。这样消除了对烦琐编程的需求,大大降低了技术门槛。用户可以通

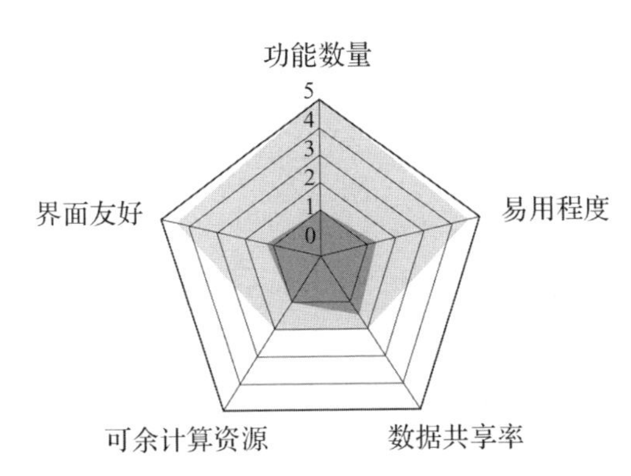

图 6.1　集成使用和独立使用 AI 服务对比

过简单的拖放、点击和配置完成 AI 组件的集成，而不必处理复杂的代码语法和算法实现。

- 此外，低代码开发平台的易用性也使业务人员能够更主动地参与 AI 应用的开发和定制中。业务人员可以根据实际业务需求，通过配置参数和界面，快速构建符合特定场景的 AI 解决方案。这种自主性使业务人员能更灵活地适应和响应不断变化的业务环境。

总体而言，低代码应用集成 AI 服务简化了技术流程，提高了用户操作的直观性，为普通用户和业务人员带来了更广泛的 AI 应用可能性，促使他们更积极地参与到人工智能的应用和创新中。这不仅推动了业务的数字化转型，也推动了 AI 技术的更广泛应用。当然，不同复杂程度的 AI 服务集成难度也有区别，具体集成时可根据具体情况做详细设计。

6.2　AI 集成服务的结构与设计

AI 集成服务模块通过先进的机器学习和数据分析技术提供了强大的功能，如自然语言处理、图像识别和预测分析，这些功能不仅具备高度的可扩展性和模块化特性，还能够自动适应不断变化的业务需求。将 AI 服务集成为低代码模块降低了 AI 服务的使用门槛，提供了多样化、更优质的 AI 服务。首先，基于低代码开发平台实现的 AI 服务模块，由于低代码应用的模块化程度高，简单配置后就能集成到低代码开发的应用中，让应用具备提供 AI 服务的能力。其次，低代码开发平台可根据需求将原生 AI 服务进行微调、汇总与封装，以应对业务中对 AI 服务多样性和更优质服务的需求。

AI服务模块提供的AI服务需要适用于各种不同领域和任务。使用AI服务的通用性流程为输入数据、处理数据、输出结果,为了适配多种AI服务,需要对这些流程做扩展性设计,即AI服务选择和AI模块接口定义。

除了适配作为核心的AI服务,模块整体结构中还存在其他模型需要进行设计。首先是用户的交互接口,AI模型的输出格式一般为AI模型对应的格式(如文字、图片和音频等),而用户想看到的可能并不是这些直接结果,因此需要对AI模型输出做相应转换,甚至可能要多次运行AI模型才能得到用户想要看到的结果。其次是应用功能设计,AI服务需要和低代码开发平台用户的需要相适应,越强大的功能等价于越高的成本,怎样在成本、功能以及拓展性等多个维度做出最优选择很重要。最后是数据及流程设计,每个低代码开发平台使用范围不同,对应可采集到的数据源与数据结构也不相同,作为一个集成多个AI模型的模块,如何有效处理并使用多源异构数据存在一定难度,尤其在数据规模较大时,处理数据的成本会急剧提升。同时,异构数据较多时还需要考虑如何减少数据传递过程中的处理次数。

6.2.1 AI服务选择

(1)模型的选择标准

在设计AI集成服务时,选择合适的模型是确保系统性能和功能强大的关键步骤。这一小节将详细介绍在处理单元中选择预训练模型和自定义模型的标准和方法。这个过程是设计AI集成组件中至关重要的一环。预训练模型和自定义模型的主要特点对比见图6.2。

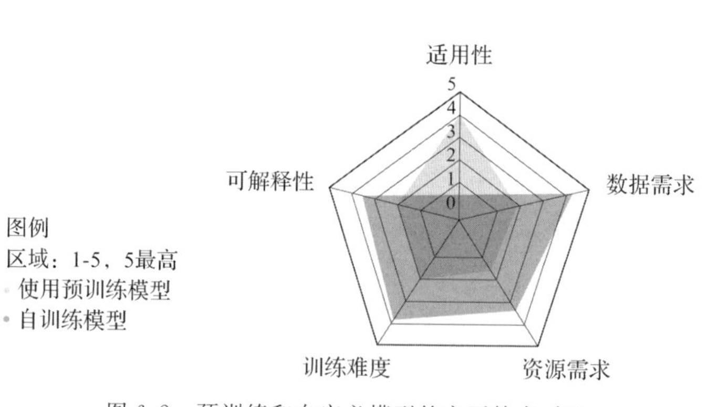

图6.2 预训练和自定义模型的主要特点对比

①预训练模型的选择标准

- 任务匹配度:预训练模型的选择应当与低代码应用的需求相匹配。例如,如果低代码应用需要进行文本生成任务,则选择GPT系列模型;如果需要图像分类,则选择ResNet系列模型。任务匹配度直接影响到模型的性能和精度。
- 数据源匹配度:预训练模型的训练数据源应当与应用场景相符。如果低代码应用的数据与预训练模型的训练数据相似,那么选择该模型会更有优势,因为模型在相似数据上具有更好的泛化能力。
- 性能与资源要求:不同的预训练模型具有不同的性能和资源要求。大型模型通常具有更好的处理效果(如准确率高、处理速度快等),但也需要更多的计算资源。在选择模型时,需要综合考虑模型的性能和所处环境的计算资源,确保模型既能够满足需求,又能够在可用资源范围内高效运行。
- 可解释性需求:对于某些应用场景,特别是涉及用户隐私和安全的领域,模型的可解释性非常重要。在这种情况下,选择能够提供更好解释性的预训练模型,以使用户能够理解模型的决策过程。

②自定义模型的选择标准

- 数据复杂度:如果低代码应用的任务非常特殊(如强领域专业性),且难以用现有的预训练模型满足需求,就需要考虑使用自定义模型或对预训练模型进行微调。数据的复杂度包括数据的多样性、噪声程度等,复杂度高的数据可能需要更复杂的模型来进行处理。
- 任务复杂度:自定义模型通常更适合于复杂任务。如果低代码应用需要处理的任务非常独特,且无法用预训练模型简单解决,就需要考虑使用自定义模型。例如,一些特定的医学诊断、自动驾驶等任务通常需要高度定制化的模型。
- 领域知识:自定义模型需要深入了解所处理问题的领域知识。如果团队具备丰富的领域知识,能够深入理解问题的本质,就可以更好地设计和训练自定义模型,使其更符合实际需求。
- 资源可用性:自定义模型的设计和训练通常需要更多的时间、人力和计算资源。在选择自定义模型时,需要综合考虑团队的能力和资源的可用性,以确保自定义模型的设计和训练可以在合理的时间内完成。

以上标准和方法,结合低代码应用的具体需求和现有资源,能够帮助决策者在预训练模型和自定义模型之间作出明智的选择。这种选择将直接影响到AI集成组件的性能、可靠性和用户体验,是设计过程中的关键决策。

(2)第三方AI服务提供商比较与选择

全球范围内的部分AI服务见表6.1。本小节对这些AI服务做了调研汇总,选择AI服务时可根据需求参考该小节的内容。

表6.1 全球部分AI服务一览表

AI服务提供商	支持范围	可扩展性	应用场景
OpenAI	自然语言	高	文本生成、智能客服、语义分析等
Google Cloud	自然语言	高	搜索引擎优化、内容推荐、语义分析等
Azure Text Analytics	自然语言	高	舆情分析、社交媒体监测、用户评论分析等
百度飞桨	自然语言	较高	智能写作、对话机器人、文本摘要等
阿里云	自然语言	较高	产品描述生成、意图识别、知识图谱等
NVIDIA	图像处理	较高	医疗影像分析、GAN人像生成、仿真渲染等
Google Cloud	图像处理	高	图像分类、物体检测、图像分割等
Microsoft Azure	图像处理	高	图像情感分析、图像识别、人脸检测等
百度	图像处理	高	图像标签、物体检测、图像增强等
Google	音频处理	高	音转文本、文本转语音、自然语言处理等
Amazon	音频处理	高	语音转文本、文本转语音、自然语言处理等
Jukedeck	音频处理	高	音乐生成、音频混音、音乐编辑等
科大讯飞	音频处理	高	语音识别、语音合成、语音生物特征识别等

①自然语言大模型AI服务比较与选择

(a)OpenAI：OpenAI公司提供了GPT系列模型，如GPT-3和GPT-4，这些模型具有强大的语言生成和文本理解能力。

• 模型性能：GPT-4是OpenAI的最新版本，具有1750亿个参数，能够生成高质量的文本，适用于多种自然语言处理任务。

• 语言支持：GPT-4支持多种语言，包括英文、中文、法文等，能够处理全球范围内的语言需求。

• 扩展性和灵活性：OpenAI提供了灵活的API接口，用户可以根据需求进行模型的定制和扩展，支持多种应用场景的定制化。

• 应用场景：GPT-4广泛应用于文本生成、智能客服、语义分析等领域，能够满足各种自然语言处理任务的需求。

(b)Google Cloud：Google Cloud提供了BERT等自然语言处理模型，具有强大的文本理解和语义分析能力。

• 模型性能：BERT是Google的开源模型，具有多层双向Transformer结构,能够处理复杂的语义关系,适用于文本分类、命名实体识别等任务。

• 语言支持:BERT 支持多种语言,包括英文、中文、西班牙文等,能够满足全球范围内的语言处理需求。

• 扩展性和灵活性:BERT 可以在不同领域进行微调,适应各种特定任务的需求,用户可以根据应用场景进行模型的定制。

• 应用场景:BERT 广泛应用于搜索引擎优化、内容推荐、语义分析等领域,能够提供精准的自然语言处理解决方案。

(c)Microsoft Azure:Microsoft Azure 提供了 Azure Text Analytics 等自然语言处理服务,具有文本分析、情感分析等功能。

• 模型性能:Azure Text Analytics 使用深度学习模型,能够进行文本情感分析、实体识别等任务,能提供高质量的分析结果。

• 语言支持:Azure Text Analytics 支持多种语言,包括英文、法文、德文等,能够处理全球范围内的语言数据。

• 扩展性和灵活性:Azure Text Analytics 提供 API 接口,用户可以根据需要选择不同的功能模块,支持定制化的自然语言处理解决方案。

• 应用场景:Azure Text Analytics 广泛应用于舆情分析、社交媒体监测、用户评论分析等领域,为企业提供智能化的文本分析服务。

(d)百度飞桨的 ERNIE 模型。

• 模型性能:百度飞桨的 ERNIE 模型是目前性能最强的中文预训练语言模型之一,尤其在语义理解、命名实体识别等任务上具有明显优势。

• 语言支持:百度飞桨的 ERNIE 系列模型主要针对中文设计,对中文语境的适配性较强。

• 扩展性和灵活性:百度飞桨提供了 PaddleHub 组件化平台,允许用户轻松整合语义解析、对话等模块。

• 应用场景:百度飞桨在智能写作、对话机器人、文本摘要等领域拥有成功案例。

(e)阿里云的 PaiNLP 3.0。

• 模型性能:阿里云的 PaiNLP 3.0 开源了对强大的中文语言理解预训练模型 ALBERT 的改进,能实现对中文语义的准确理解和建模。

• 语言支持:PaiNLP 3.0 以中文应用为主,但也支持多语言的语义编码模型,覆盖面更广。

• 扩展性和灵活性:阿里云支持通过易学易用的可视化模块构建 NLP 模型,并自定义迁移学习,能提供高度灵活的模型扩展能力。

• 应用场景:阿里云覆盖产品描述生成、意图识别、知识图谱等不同应用,可支持用户在 NLP 领域的创新应用开发。

②图像处理 AI 服务的比较与选择

(a)NVIDIA 图像 AI 服务。NVIDIA 在医疗影像分析、生成对抗网络(Generative Adversarial Network, GAN)人像生成、仿真渲染等图像处理与生成领域拥有领先的 AI 算法与应用。其云服务和平台为用户提供了丰富的工具和支持。以下是 NVIDIA 在图像处理和生成领域的 AI 模型的详细情况。

• Clara 图像处理平台:Clara 提供了医疗影像分析方面的算法集成服务,这些算法可提高影像分析效率,辅助快速精准地诊断。例如,Clara MRI 使用了自动化 MRI 分析算法,可检测生理和病理特征,Clara Discovery 结合深度学习对 CT、MRI 等影像进行高速注释和分类;Clara Imaging Annotation 自动化工具可加速医学影像注释流程。

• StyleGAN 图像生成模型:StyleGAN 是基于 GAN 的图像生成模型,可生成高质量、高分辨率的人脸图像。其创新在于提出了风格迁移技巧,可以控制生成图像的样式,如人脸角度、微笑、年龄、发型等。在生成新闻肖像、艺术创作等领域。其生成的人脸更加逼真。

• Clara GAN 医学成像:Clara GAN 利用 GAN 算法,通过少量样本数据合成大量医疗图像,可用于数据增强、医学教学等用途。

• Omniverse 平台:提供了物理仿真渲染引擎,可基于物理规则生成高保真的合成数据,应用于自动驾驶、机器人等领域。

(b)Google Cloud 图像 AI 服务。Google Cloud 通过 Vision API、AutoML、张量处理单元(Tensor Processing Unit,TPU)等服务为图像处理与生成领域提供了强大支持,用户可以快速实施各种视觉 AI 应用。Google Cloud 在图像处理与生成领域提供的 AI 服务具体情况如下。

• Vision API:Vision API 提供了多种图像分析服务,包括图像分类-识别图像主要物体和场景、面部检测-检测图片中的面部并提取特征、标注检测-识别图像中的文本信息、对象本地化-定位和标记图片中的多个对象、图像属性-检测图像主题属性,如色彩构成等,覆盖了对象、场景、人脸、文本等识别与检测任务。

• AutoML Vision:自动机器学习工具,可基于用户的数据集自动选择和优化最匹配的图像分类模型,降低了机器学习门槛。

• Cloud TPU:提供了针对神经网络训练优化的 TPU 芯片和计算能力,可快速训练图像识别、处理模型。

- Generate Images using AI：可以基于GAN的图像生成服务，使用风格迁移、图像修复等算法生成或编辑图像。

- Image Segmentation：提供基于深度学习的图像语义分割算法，可提取图像中的物体轮廓。

(c)Microsoft Azure图像AI服务。Microsoft Azure图像AI服务覆盖图像分析、处理、生成等任务，为用户提供了强大的视觉AI能力，其在图像处理和生成领域提供的AI服务详细情况如下。

- 认知服务-计算机视觉API：提供图像分类、物体检测、人脸检测、中文OCR等服务。使用预训练模型，简单易用。

- 自定义视觉服务：允许训练自定义的图像分类、对象检测、分割等模型。支持导出多种格式的训练好的模型。

- 面部API：提供基于云的面部识别和分析服务，包括面部识别、验证、查找相似面孔等功能。

- 视频索引器：可以自动提取和分析视频中的场景、主题、面孔、语音文本等内容，简化了视频分析流程。

- 动画制作器：简单易用的工具，使用预定义素材和模型制作动画视频，且无需专业技能。

- 视觉设计器(Preview版)：通过拖放实现图像处理流程的可视化构建，包含样式迁移等算法，降低了计算机视觉门槛。

- Azure机器学习：提供托管Notebooks、GPU集群以及自动化机器学习、模型管理、部署工具，促进了模型训练与部署。

(d)百度图像AI服务。百度在图像增强、处理、训练、识别等多个方面提供了完整的技术与服务支持，针对中文场景有一定优势。百度在图像处理和生成领域提供的AI服务如下。

- 百度AI开放平台-图像识别：提供图像标签、物体及场景检测、菜品识别、logo检测、自定义图像识别等服务，覆盖分类、检测、识别任务，使用简单。

- PaddlePaddle深度学习平台：开源了多种预训练图像处理模型，包括车牌识别、人脸检测、图像分割、风格迁移等。允许在此基础上快速训练自定义模型。

- EasyDL图像增强平台：通过可视化接口，使用不同的数据增广与图像处理算法生成算法增强数据集。提高了模型鲁棒性。

- ModelScope：开源的一站式视觉开发平台，支持图像数据集管理、模型构建、训练部署全流程，降低了使用门槛。

- 百度云大象服务：提供基于深度学习的自动图像描述、图像分类、物体检测等服务。覆盖训练、测试及 API 调用。

• BML(Baidu Machine Learning)增强生成平台:基于 GAN 算法的图像生成增强服务,可以自动生成视角、样式不同的图片,可应用于数据增强。

• 视觉质量增强技术:采用自研算法,可在保持图像质量的前提下进行无损放大,可应用于图片解析与分辨率提升。

③语音交互 AI 服务的比较与选择

(a)Google 语音 AI 服务。Google Cloud 提供了非常完整的语音 AI 技术来支持各种交互式应用和场景,具体如下。

• Cloud Speech-to-Text:提供语音转文本的 API 服务,支持 120 多种语言及方言。利用神经网络模型实现高精度的语音识别。支持自定义语音模型。

• Cloud Text-to-Speech:文本转语音服务,支持数百种语音合成,可以模拟人类的语音。提供语音合成的 API。

• Cloud Speech API:同时包含语音识别和语音合成功能,支持实时流式语音转文本及文本转语音。可以用于语音助手和对话应用。

• Contact Center AI:针对联系中心的数据,提供语音识别、情感分析、意图识别等语音分析服务,优化客服效率。

• Cloud Talent Solution:提供语音采集服务来训练自定义的语音识别模型,提高模型在特定场景中的识别精度。

• CCAI Audio API:可以监测语音通话质量、提取关键词、检测敏感内容等,用于质量监控和合规审查。

(b)Jukedeck 声音 AI 服务。Jukedeck 通过其 AI 算法为用户提供了非常强大的音频内容自动生成和处理工具,可广泛应用于媒体、娱乐等领域。

• 音乐生成:Jukedeck 通过自家的神经网络算法,根据用户设置的样式、节奏、工具来自动生成背景音乐。支持分类生成不同场景的音乐。

• 音频混音:可以将 vocals、音效、样本等不同音频轨道混音生成最终的合成音乐作品。轨道之间自动处理音量、时间等参数。

• 元数据打标签:会自动分析生成的音频文件,添加标题、风格、速度等音乐元数据标签,便于后续组织管理。

• 音乐编辑:提供在线工具编辑生成的音频,调整长度、音量、速度等参数,新增音效,能进行可视化操作。

• API 服务:Jukedeck 提供 API 服务,允许其他应用程序调用其音乐生成引擎,自定义参数生成音乐。

• 用户界面：简洁易用的网页界面，允许用户快速生成、编辑音频，并不需要音乐制作专业技能。

• 版权处理：生成的音乐默认归Jukedeck所有，但可付费购买使用权，用于商业应用。

(c)Amazon语音AI服务。Amazon在声音处理、交互和生成领域提供了多项AI服务，其中以Amazon Polly、Amazon Transcribe和Amazon Lex为代表。

• Amazon Polly：Amazon Polly是亚马逊的文本转语音(Text To Speech，TTS)服务。它能够将文本转化为自然流畅的语音，支持多种语音风格和多国语言。Polly可以生成逼真的语音，广泛应用于语音助手、交互式应用、有声读物等领域。它还支持语音合成标记语言(Speech Synthesis Markup Language，SSML)，允许开发者对语音进行更加精细的控制。

• Amazon Transcribe：Amazon Transcribe提供自动语音识别(Automatic Speech Recognition，ASR)服务，可以将音频文件转换为文本。它支持多种音频格式，能够处理不同背景噪声和多人说话的场景。Amazon Transcribe广泛应用于转录服务、会议记录、语音分析等领域，为用户提供高质量的文本转写服务。

• Amazon Lex：Amazon Lex是亚马逊的自然语言处理服务，用于构建聊天机器人和语音助手。开发者可以使用Amazon Lex创建自定义的对话逻辑，实现自然语言理解和自动响应用户的请求。Amazon Lex可以集成到各种应用中，包括在线客服、预约系统、信息查询等场景。

除了这些核心服务，亚马逊还在语音交互和生成领域提供了云端基础设施和工具支持，使开发者能够构建出高度智能、自然交互的语音应用。这些服务的特点包括良好的扩展性、高度可定制性，使开发者能够更便捷地构建出符合用户期望的声音处理、交互和生成应用。

(d)科大讯飞(iFLYTEK)语音AI服务。科大讯飞是中国领先的智能语音技术提供商，在声音处理、交互和生成领域提供了多样化的AI服务，涵盖语音识别、语音合成、语音生物特征识别、自然语言处理和语音交互等多个方面。这些服务在各种应用场景下都具有广泛的应用价值，为开发者和企业提供了丰富的语音技术解决方案。以下是科大讯飞在这些领域提供的主要服务。

• 语音识别服务：科大讯飞的语音识别服务可以将语音转换为文本，支持多种语言和方言。该服务的语音识别技术在准确性和速度方面表现出色，适用于语音助手、语音搜索、语音输入等应用场景。这些服务可以用于手机应用、智能家居设备、智能车载系统等。

• 语音合成服务:科大讯飞的语音合成服务可以将文本转换为自然流畅的语音。该服务提供了多种语音风格和音色选择,可以根据需求生成不同语音特点的音频,广泛应用于智能客服、语音导航、有声读物等领域。

• 语音生物特征识别:科大讯飞的语音生物特征识别服务可以用于语音身份验证和声纹识别。该服务的技术可以识别说话者的身份,用于语音解锁、金融身份验证等场景。

• 自然语言处理服务:科大讯飞提供了自然语言处理服务,包括文本分类、命名实体识别、情感分析等功能。该服务可用于智能客服、社交媒体分析、舆情监测等应用。

• 语音交互技术:科大讯飞的语音交互技术可以用于开发语音助手和智能客服系统。它们提供了自然语言理解(Natural Language Understanding, NLU)和对话管理等技术,使用户可以通过语音与系统进行自然交互。

• 语音生成技术:科大讯飞的语音生成技术可以用于电子游戏、有声读物、广播剧等领域。该服务提供了多种语音角色和情感表达,可以生成生动、自然的语音。

6.2.2 AI 服务接口定义

AI 模块运行时需要提供统一完备的接口来完成业务运作,AI 模块的接口架构可参考图 6.3 和后续详细定义与描述进行设计。

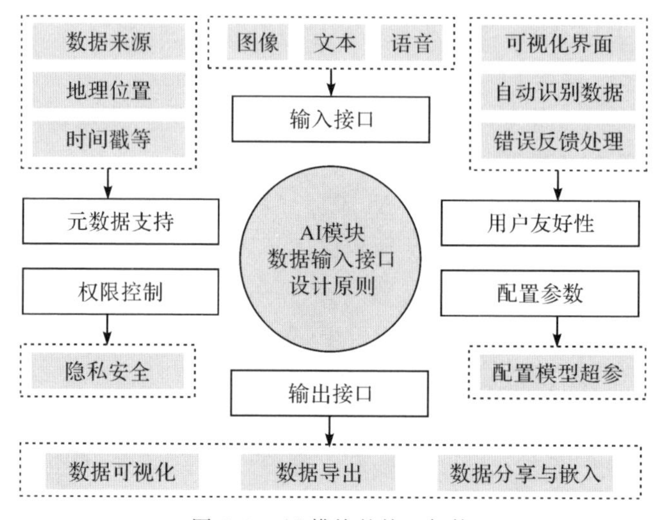

图 6.3 AI 模块的接口架构

(1)输入接口定义

在设计AI集成模块的接口时,特别是输入接口,需要考虑如何让低代码开发平台用户轻松、直观地与AI模块进行交互。下面将讨论如何定义输入接口,以满足用户的需求,并为低代码开发提供方便。以下是定义输入接口的关键要点。

①数据输入方式:首先,AI集成模块的输入接口应该支持多种数据输入方式,以适应不同场景和用户需求。以下是一些常见的数据输入方式。

- 文本输入:用户可以通过文本框输入文本数据,如问题描述、评论等。这对于自然语言处理任务非常有用。
- 图像上传:用户可以上传图像文件,允许AI模块进行图像分析、识别或处理。这在图像处理和计算机视觉应用中很常见。
- 音频上传:对于语音交互或音频处理的任务,支持音频文件上传是必要的。
- 实时数据流:如果AI集成模块需要实时数据输入,则应提供数据流接口,以便接收来自其他应用程序或传感器的数据。
- 数据连接:对于大规模的数据分析任务,支持与MySQL、MongoDB等常见数据库或Hadoop、Spark等常见数据平台的连接以直接访问数据是重要的。

②用户友好性:输入接口应该具有用户友好性,以降低用户的学习曲线。以下是一些提高用户友好性的方法。

- 可视化界面:提供可视化界面,允许用户轻松设置和输入数据,无需编写代码。
- 自动识别数据类型:模块可以自动识别输入数据的类型,从而减少用户手动配置的工作。
- 错误处理和反馈:当用户输入无效数据或数据格式不匹配时,应提供清晰的错误信息和反馈,以引导用户纠正问题。

③参数配置:除了数据输入,输入接口还应支持参数配置。用户可能需要设置模型的超参数、选择特定的模型或算法等自定义设置。这些参数配置应该清晰可见,易于调整。

④元数据:输入接口应支持元数据,以提供关于输入数据的附加信息。这些元数据可以包括数据的来源、时间戳、地理位置等,有助于提高数据质量和进行上下文分析。

在设计输入接口时,需要平衡用户友好性、灵活性和安全性,以提供令人满意的用户体验,并确保AI集成模块在低代码开发平台中易于配置和使用。

(2)输出接口定义

在低代码开发平台上，AI集成模块的输出接口至关重要，它不仅决定了用户最终获得的结果，还将直接影响到低代码应用的可视化呈现和用户体验。以下是针对低代码开发平台设计的输出接口定义的关键要点。

①数据呈现和可视化：输出接口应该支持多种数据呈现和可视化方式，以适应不同类型的AI模型输出。

- 文本输出：将AI处理后的文本数据直接呈现在低代码应用界面上，支持格式化文本、表格等。
- 图像展示：对于图像处理任务，输出接口可以直接显示处理后的图像，允许用户在低代码应用中查看图像识别、增强等效果。
- 图表和图形：如果AI模块生成数值数据，支持各种图表类型（折线图、柱状图、饼图等）的绘制，使用户能够直观地理解数据。
- 交互式组件：提供交互式组件，如地图、图谱等，以便用户在低代码应用中与AI模块组件的输出进行更有针对性以及更深入的交互。

②用户友好性和自定义。

- 可配置的数据展示：用户应该能够根据自身需求配置数据展示方式。提供简单的拖放、配置选项，使用户能够自定义数据展示形式，而无需编写代码。
- 自动更新和实时刷新：如果AI模块的输出是动态的（如实时监测数据），输出接口应该支持自动更新和实时刷新，以确保用户看到最新的数据。
- 错误和异常处理：输出接口需要具备处理错误和异常情况的能力。当模块出现问题时，应该提供友好的错误提示，同时可以显示错误码或详细信息，以帮助用户了解问题所在。

③输出数据的导出和分享。

- 数据导出：允许用户将AI模块的输出数据导出为常见格式（如CSV、Excel等），以便在其他应用程序中使用或进行进一步分析。
- 分享和嵌入：提供分享功能，允许用户将AI模块的输出嵌入到网页、社交媒体或其他平台上，方便用户与他人分享分析结果。

④安全性和隐私保护。

- 数据隐私：确保输出接口不泄露敏感信息。如果AI模块的输出包含用户个人数据，则必须遵循隐私法规，应对数据进行适当的匿名化或脱敏处理。
- 访问控制：提供访问控制机制，确保只有授权用户能够查看和操作AI模块的输出数据。

⑤元数据和上下文信息。

- 元数据:输出接口应该支持元数据,提供关于输出数据的附加信息,如数据生成时间、来源、质量等。
- 上下文信息:如果 AI 模块的输出依赖于特定的上下文信息(如用户位置信息、设备信息等),这些信息应该被传递给模块,以确保输出的准确性和相关性。

通过以上设计,输出接口能够在低代码开发平台上提供灵活、用户友好的数据展示和可视化方式,同时保障数据的安全性和隐私性。这样,用户不仅能够轻松地使用 AI 模块,还能够在低代码应用中直观地理解和利用 AI 处理的结果。

6.2.3　用户交互与体验设计

AI 集成服务模块的用户交互占体验设计的一些主要策略如图 6.4 所示。

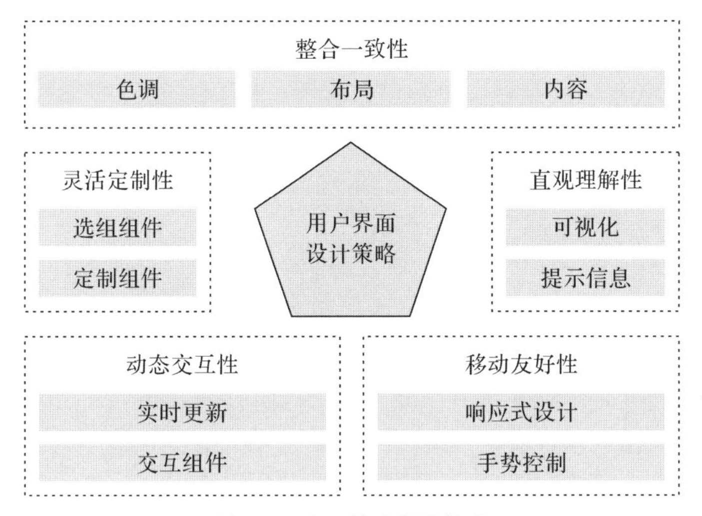

图 6.4　交互体验设计策略

(1)AI 输出的用户界面设计策略

在低代码开发平台上,AI 输出的用户界面设计至关重要,它应该既能够展示 AI 处理的结果,又能够与低代码应用的整体风格和用户期待相契合。基于低代码开发平台的输出用户界面主要特点有整合一致性、灵活定制性、直观理解性、动态交互性、移动友好性等。

①整合一致性。在低代码开发平台上,AI 输出的用户界面必须与应用的整体设计风格保持一致,这种整合一致性对用户体验和应用的整体观感至关重要。

- 外观一致性:AI 输出的组件的颜色、字体和按钮样式应该与应用中的其他组件相匹配,确保整体外观的一致性。通过采用相似的外观,用户可以更容易地识别和理解 AI 输出的组件,提高了系统中用户界面模块的可用性。

- 布局一致性:确保用户界面整体统一的关键因素。将 AI 输出的组件布局放置在应用的合适位置,与应用中的其他模块相协调,避免界面看起来杂乱无章。一致的间距和边距使得整体界面显得更加统一,用户不会感到界面上的异质性,增强了用户对应用的信任度。

- 交互一致性:AI 输出的组件应该具有与应用其他部分相似的响应速度和交互效果。这意味着,无论用户与哪个组件交互,他们都可以期待相似的响应和反馈,使用户在使用应用时感到更加流畅和舒适。

- 内容一致性:AI 输出的内容语言和用词应该与应用中的其他部分一致。同时,数据展示格式也应该保持一致,以避免用户因为不一致的数据展示而感到困扰。确保内容的一致性,可以使用户更容易地理解和操作 AI 输出的组件,提高了用户界面的友好性和易用性。

综上所述,整合一致性不仅使用户在使用 AI 输出的组件时感到熟悉,也增强了应用的专业性和整体品质。通过保持外观、布局、交互和内容的一致性,AI 模块与低代码应用的融合更加自然,使用户更容易接受新的功能,提高了用户的满意度和信任度,从而提升了应用的竞争力。

②灵活定制性。在低代码开发平台的 AI 输出用户界面设计策略中,灵活定制性是至关重要的一环。通过提供灵活的组件选择和组件定制功能,用户可以根据其特定需求和偏好,定制化地塑造 AI 输出的用户界面。

- 组件选择:在界面设计中,用户需要根据 AI 输出的内容选择合适的组件,以便有效地呈现数据和结果。例如,当 AI 模块生成文本信息时,用户可以选择文本框组件作为展示区域;当需要展示统计数据时,用户可以选择图表组件,如柱状图或折线图,以直观形式展现数据趋势。提供多种类型的组件选择,使用户能够根据 AI 输出的性质灵活选择,确保了信息的准确传达。

- 组件定制:除了基本的组件选择,用户还需要能够自由定制这些组件的外观和交互方式,使界面符合其个性化需求。例如,在图表组件中,用户可以选择不同的颜色和样式,使图表更符合用户品牌或主题;在文本框组件中,用户可以调整字体大小、边框宽度等,以适应界面整体布局。这种定制性不仅仅是外观上的,也包括交互方式。用户可以自定义组件的交互行为,如点击某个数据点后触发的事件,或者文本框的输入限制规则。这样的定制性使用户能够在不牺牲功能性的前提下,创造出独具特色的用户界面。

③直观理解性。在低代码开发平台的 AI 输出用户界面设计策略中,直观理

解性是确保用户能够迅速理解和消化 AI 输出的关键。通过图形化展示和信息提示两个关键要素，直观理解性保证了用户在面对复杂数据和结果时，能够轻松理解其含义，加深对信息的认知。

- 图形化展示：为了增强数据的直观性，界面设计应该采用图形化的方式呈现数值型数据。使用图表、热力图等可视化元素，将抽象的数据变成直观的图形，使用户能够一目了然地理解数据的分布、趋势和关系。例如，当 AI 输出的是销售数据时，可以使用柱状图展示各产品销售额的对比，通过颜色、高度等视觉元素，直观地传达数据的差异和规律。

- 信息提示：在界面上提供必要的信息提示，解释 AI 输出的含义和背后的逻辑，以帮助用户理解数据和结果。信息提示可以包括数据的单位解释、图表的含义说明、异常数据的原因分析等。当用户将鼠标悬停在图表上时，可以弹出数据点的具体数值，帮助用户精确定位信息。在文本框或标注区域，可以提供数据的定义、背景知识或结果的推断依据，让用户了解 AI 输出的逻辑和推理过程。这种信息提示的方式，使用户能够在直观的视觉呈现下，得到对数据和结果的深入理解，增加了界面的可理解性。

①创新性交互设计。在低代码开发平台的 AI 集成模块中，创新性的交互设计是关键因素之一，它能够提高用户的使用体验，使用户更容易理解和操作 AI 模块，进而提高工作效率和满意度。

- 自适应用户界面：自适应用户界面是一种根据用户设备、屏幕尺寸和方向动态调整布局和内容的设计方法。在 AI 模块中，不同的用户可能使用不同类型的设备，如电脑、平板或手机等。通过自适应设计，界面可以在不同设备上以最佳方式呈现，确保用户无论在何种设备上都能够流畅使用 AI 功能。

- 语音交互设计：语音交互是一种直观、高效的交互方式。通过集成语音识别和合成技术，用户可以使用语音指令与 AI 模块进行互动。这种交互方式特别适用于移动设备，让用户可以在驾车、行走等无法触碰屏幕的情况下依然能够使用 AI 功能，增加了使用场景的多样性。

- 手势控制与触摸交互：支持手势控制和触摸交互使用户能够通过屏幕上的手势（如捏合、滑动等）进行操作。这种交互方式模仿了人们在现实生活中的动作，使用户感觉更加自然，增强了用户的参与感。

- 虚拟现实（Virtual Reality，VR）和增强现实（Augmented Reality，AR）交互：在 AI 模块中引入 VR 和 AR 技术，用户可以通过 VR 头盔或 AR 设备与虚拟世界进行互动。例如，在数据分析领域，用户可以通过 AR 眼镜看到数据的三维可视化效果，增加了对数据的理解深度，提高了用户的沉浸感。

• 多设备同步:多设备同步使得用户可以在不同的设备上保持一致的操作状态。例如,用户在电脑端先开始了某个任务,然后切换到手机上继续进行,且不会丢失任何数据或进度。这种无缝切换的体验使用户的工作更加流畅,提高了用户的满意度和效率。

创新性的交互设计使得用户能够更加直观、自由、高效地使用AI模块,提高了用户的满意度和参与度,增强了用户的忠诚度,也为低代码开发平台的AI集成模块赢得了更多的用户信赖。

6.2.4 AI服务设计

在低代码开发平台的AI服务设计,主要包括用户需求分析和可拓展性原则。

(1)用户需求分析

①用户群体定义。用户群体定义是指明确定义将使用AI集成组件的特定用户群体。这样有助于设计团队更好地了解目标用户的特点、需求和期望。在低代码开发平台上,用户群体通常可以分为以下几类。

• 企业开发人员:这类用户通常具有较高的技术背景,包括拥有较高的编程知识和丰富的软件开发经验。他们可能需要AI集成组件来加速开发过程、提高代码质量,或者在应用程序中集成先进的人工智能功能。针对这类群体,AI集成组件应该提供高度可定制性,支持多种编程语言和开发框架,以便他们能够根据需求进行定制和扩展。

• 非技术用户:这类用户通常缺乏专业的技术知识,需要利用人工智能技术来解决业务问题。这类群体可能希望通过AI集成组件实现自动化、数据分析、智能报告生成等任务,而无需自己编写复杂的代码。针对他们,AI集成组件应该提供直观的图形界面,简化操作步骤,降低技术门槛,使他们能够轻松地使用各种AI功能。

• 业务分析师:这类用户通常具备一定的业务和数据分析背景,但可能不是专业的开发人员。他们通常需要从大量的数据中提取洞见、进行预测分析、制定业务策略等。针对这类群体,AI集成组件应该提供易用的数据分析和预测工具,帮助他们快速分析数据、生成报告,并支持各种数据可视化技术。

在用户群体定义的基础上,设计团队可以更好地理解不同用户群体的需求和期望,从而有针对性地设计AI集成组件的功能和界面,以满足不同用户群体的需求,提高用户满意度。

②用户需求调查。用户需求调查是指通过多种方法来深入了解用户期望和

需求的过程。以下是一些常用的用户需求调查方法,特别适用于低代码开发平台的设计过程。

- 用户访谈:设计团队可以直接与目标用户进行面对面的访谈,了解他们关于 AI 集成组件的期望、需求和使用场景。这样可以获得详细和具体的反馈,能更好地理解用户的需求。

- 问卷调查:创建在线问卷,调查对象应覆盖各个潜在用户群体。问卷中的问题可以涵盖用户希望解决的问题、期望拥有的功能、对界面友好性和性能的看法等。通过统计分析问卷结果,可以得出大致的用户需求特点。

- 市场研究:调研竞品和类似产品,了解市场上已有的解决方案以及用户对这些产品的评价和反馈。这可以帮助设计团队了解市场趋势,发现用户普遍关注的功能和问题。

- 用户反馈分析:如果已有类似的 AI 集成组件或应用,则应分析用户的反馈和评论,包括用户在社交媒体上的评论、产品评价网站上的评分和评论等。从中挖掘用户的痛点和期望,为设计提供宝贵的参考。

- 原型演示和反馈:制作 AI 集成组件的初步原型,并邀请用户参与演示,观察他们在使用过程中的反应和提出的建议。这种方法可以帮助设计团队及早发现问题,及时进行改进。

- 用户工作坊:组织用户工作坊,让用户在实际操作中体验 AI 集成组件。这种亲身体验既可以帮助用户更直观地去表达自己的需求,也可以帮助设计团队发现用户在实际使用中可能遇到的问题。

通过以上方法,设计团队可以全面、系统地了解用户的需求,包括用户的期望、问题、使用场景和体验感。这些信息将为 AI 集成组件的设计和开发提供有力的指导,以确保最终的产品能够满足用户的需求并提供优秀的用户体验。

③使用场景分析。使用场景分析是指通过具体的案例和情境来了解用户在日常工作中可能遇到的问题和需求。在低代码开发平台上设计 AI 集成组件时,使用场景分析能帮助设计团队更好地了解用户期望解决的具体问题以及用户期待的 AI 功能。使用场景可能涉及多个模型,以下是对部分使用场景分析的详细阐述。

(a)自然语言处理场景

- 场景描述:企业需要处理大量的文本数据,包括客户反馈、社交媒体评论等。设计团队希望 AI 集成组件能够自动识别关键词、情感,或者进行文本分类,以便更好地了解客户需求和市场舆论。

- 需求:AI 集成组件需要集成自然语言处理算法,支持文本分析、情感分析、实体识别等功能,能帮助用户自动处理文本数据。

(b)图像识别和处理场景

• 场景描述:在线零售商希望通过图片识别技术自动识别产品,并自动生成产品描述和标签。这样可以提高上架效率,减少人工操作。

• 需求:AI 集成组件需要整合图像识别和处理模型,支持物体识别、图像分割等功能,帮助用户处理产品图片和生成描述。

(c)声音识别场景

• 场景描述:客户服务中心需要自动识别客户电话中的关键问题,以便快速转接到合适的部门或提供自动化回答。

• 需求:AI 集成组件需要包含语音识别功能,支持自动转换语音为文本,并能够根据文本内容识别问题类型,以便快速响应客户需求。

通过以上场景分析,设计团队能够明确用户在不同领域中的具体需求,为 AI 集成组件的功能设计提供具体的方向。这些场景能帮助设计团队更好地了解用户工作流程,以确保设计的 AI 集成组件能够准确、高效地满足用户期待,提供优秀的用户体验。

(2)可扩展性原则

①模块化设计。在低代码开发平台上设计 AI 集成组件时,模块化设计是确保平台有可扩展性和适应性的关键。通过模块化设计,不同功能可以被划分为独立的模块,每个模块负责一个特定的任务或功能。这些模块具备清晰的接口,各自独立运行,这为未来的新功能扩展提供了便利。

首先,明确定义每个模块的职责和功能。例如,在一个 AI 集成组件中,可以有文本处理模块、图像识别模块、数据分析模块等。每个模块都专注于处理特定类型的数据或任务,以确保高内聚性和低耦合性。

其次,为每个模块定义清晰的接口。这些接口应该包括输入参数、输出结果和可能的异常处理方式。接口的标准化既确保了模块之间数据的一致性,也提供了扩展新模块的可能性。低代码开发平台可以提供图形化界面,使用户能够直观地定义这些接口,无需编写复杂的代码。

最后,在模块化设计中,应考虑到模块的复用性。设计模块时,尽量使其功能单一、通用,以便能在不同的场景中被重复利用。这样,不仅减少了开发的工作量,也提高了系统的可维护性。

最为重要的是,利用低代码开发平台的可视化、模块化优势,可以使非技术用户参与到模块的创建和配置中。他们可以通过拖放、设置参数等简单操作,创建自己所需要的功能模块。这种可视化的设计过程不仅提高了开发效率，也促使了更多人参与AI集成组件的构建中，拓宽了功能的广度和深度。这种模块化设计的灵活性和易用性，是确保AI集成组件长期适应用户需求和技术变化的关键。

②插件体系架构

在设计AI集成组件时，插件体系架构是一种关键的方法，它能够确保系统具备良好的可扩展性和适应性。采用插件体系架构，使新的功能可以作为插件被动态加载，而不需要修改主体系统的代码。这种架构在低代码开发平台上尤为重要，因为它允许用户在不涉及底层代码的情况下，扩展系统功能，适应新的需求和技术。

首先，插件体系架构要具备可插拔性。这意味着系统的核心部分应该能够识别、加载和运行插件，而不需要改变主体系统的代码。在低代码开发平台上，这可以通过图形化界面实现，用户可以通过简单的拖放、配置和设置，将插件集成到系统中。这种用户友好的操作方式，使非技术用户也能够轻松地扩展系统功能。

其次，定义标准的插件接口是插件体系架构中的关键一环。这些接口应该清晰地定义了插件和系统之间的通信规范，包括输入参数、输出结果、数据格式等。标准化的接口确保了插件的独立性和系统的稳定性，新的插件可以与系统其他部分无缝集成，而不会引起不稳定或其他冲突。

另外，插件体系架构还应该具备版本控制的能力。随着系统的发展，插件可能会不断演进，为了确保系统的稳定性和兼容性，需要能够管理不同版本的插件。版本控制可以确保系统在引入新功能的同时，既能不影响已有功能的正常运行，也能方便用户选择合适的插件版本。

在低代码开发平台上，插件体系架构的设计需要遵循可视化、用户友好的原则。用户应该能够通过直观的界面，浏览可用的插件、选择所需功能、配置参数，并将插件应用到系统中。这种可视化的插件管理方式，不仅提高了用户的操作效率，也使系统的可扩展性和适应性得到了最大程度的发挥。

6.2.5 数据流程设计

数据流程设计是指在系统或应用中，规划、组织和优化数据的流动和处理过程。它涵盖了数据的采集、传输、转换、存储和分析等环节。在低代码开发平台中，数据流程设计是将不同数据源的信息整合、加工和传递到目标应用程序或系统的过程。本小节从数据源选择、数据准备、数据传递流程等方面阐述数据流程的设计原则和方法，如图6.5所示。

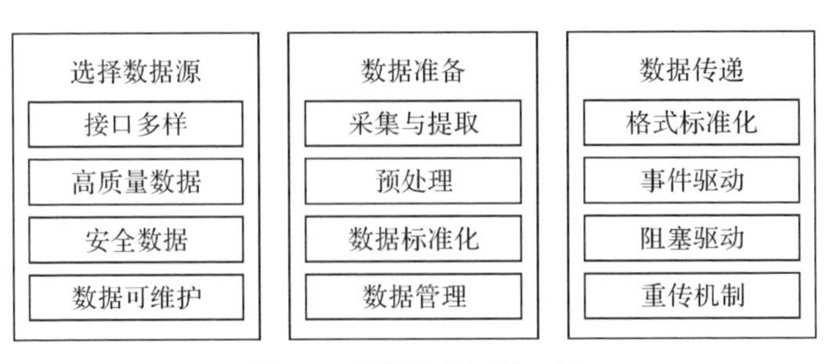

图 6.5 数据流程设计一览

(1)选择数据源流程

在设计低代码开发平台中的 AI 集成服务模块时,选择适当的数据源是确保系统顺利运行的关键一步。数据源的选择不仅影响着系统的性能和稳定性,还直接影响到 AI 模块的训练质量和应用效果。以下是在低代码开发平台中选择数据源时需要考虑的关键因素和方法。

- 数据源的多样性:在低代码开发平台的应用中,数据可以来自各种各样的源头,包括数据库、API 接口、传感器、日志文件等。选择数据源时,应该确保能够支持多种类型和格式的数据,以满足不同场景的需求。同时,考虑到未来的扩展性,应选择能够轻松集成新数据源的平台和工具。

- 数据源的质量和完整性:选择高质量的数据源是保证 AI 模块训练和应用效果的关键。数据源应该具有足够的质量和完整性,避免包含大量噪声数据或者缺失关键信息。在选择数据库时,应确保数据库的结构设计良好、字段命名清晰、数据类型一致。对于 API 接口,要确保接口返回的数据格式稳定,没有异常情况。

- 安全性和隐私保护:数据的安全性和隐私保护是至关重要的考虑因素。在选择数据源时,要确保数据传输和存储过程中采取了足够的加密和安全措施,以防止数据泄露和被恶意攻击。同时,要遵守相关法律法规,保护用户的隐私权利。

- 数据源的可维护性和监控性:数据源的可维护性和监控性直接影响到系统的稳定性和运行效果。要选择那些提供良好维护和监控支持的数据源,以便能够及时发现和解决问题。定期的数据源健康检查和性能监控,可以有效帮助预防潜在问题的发生。

- 数据源的成本和性价比:成本也是选择数据源时需要考虑的因素之一。不同的数据源服务提供商可能有不同的价格和收费模式。在选择数据源时,要综合考虑其提供的功能、性能、安全性等方面的特点,选择性价比较高的数据源。

合理的数据源选择不仅能够保证数据的质量和稳定性,还能够提高系统的性能和用户体验。在选择数据源时,需要综合考虑多个维度,以便选择出最适合的数据源。

(2)数据准备流程

在低代码开发平台中,设计 AI 集成模块的数据准备流程至关重要。以下是一个基于低代码开发平台的数据准备流程,保障了数据质量,确保了 AI 模块训练与应用的有效性。

- 数据采集与提取:首要任务是从各个数据源中采集数据。在低代码开发平台中,可以利用预定义的连接器或 API 接口,将数据从数据库、云服务、第三方应用等源头提取出来。这些连接器可以简化数据提取的过程,使非技术人员也能轻松实现数据采集。
- 数据清洗与预处理:获得原始数据后,进行数据清洗是必不可少的步骤。数据清洗包括处理缺失值、去除重复项、处理异常值等。在低代码开发平台上,可以使用可视化工具进行数据的预处理。例如,通过拖放组件,可以轻松选择数据列进行过滤,填充缺失值,甚至进行简单的统计分析。
- 数据转换与标准化:不同数据源的数据格式可能各不相同,因此需要进行数据转换和标准化,使其符合 AI 模块的需求。在低代码开发平台中,可以使用图形化界面设计数据转换规则,以实现数据的格式转换、单位换算、时间格式化等操作。标准化确保所有数据都采用相同的度量单位和数据格式,避免了混乱和错误。
- 数据存储与版本管理:处理好的数据需要被妥善地存储和管理。低代码开发平台通常提供了数据存储和版本管理的功能。数据可以存储在云端数据库中,也可以存储在本地服务器上。同时,平台还应该提供数据版本管理的功能,确保可以追溯到每个数据集的历史版本,以方便后续的模型重训练和分析。

实际项目中,可参考此流程实现适用于自己低代码开发平台的数据准备流程。一般来讲,基于低代码开发平台的数据准备流程包括数据采集与提取、数据清洗与预处理、数据转换与标准化、数据存储与版本管理等多个步骤。这些步骤的设计和管理需要依赖于低代码开发平台提供的各种功能和组件,以简化用户操作,提高数据准备的效率和准确性。这样设计出的数据准备流程,可以确保数据的质量和一致性,为后续的 AI 模块训练和应用提供可靠的数据基础。

(3)数据传递流程

数据传递流程是确保低代码应用与 AI 模块之间高效通信的关键环节。通过定义清晰的数据传递流程,可以确保数据在不同组件之间顺畅流动,为 AI 模块提供所需的输入数据,并将输出数据无缝传递回低代码应用。以下是基于低代码开发平台的数据传递流程设计,保障了数据的高效传递与利用。

- 数据格式标准化:具体参考数据准备。
- 事件驱动的数据传递:在低代码开发平台中,可以引入事件驱动的数据传递机制。当低代码应用的某个组件需要与 AI 模块进行数据交互时,触发一个事件。该事件将包含所需的输入数据信息,如数据源、数据类型等。AI 模块注册对应的事件处理器,接收事件,并按照预定义的数据格式解析输入数据。处理完毕后,AI 模块将结果数据通过事件反馈给低代码应用,实现了高效的数据传递。
- 异步通信与消息队列:为了避免数据传递时的阻塞,可以采用异步通信的方式。在低代码开发平台中,引入消息队列的概念,将数据包装成消息,并将消息推送到消息队列中。低代码应用和 AI 模块分别作为消息的生产者和消费者,实现了解耦和异步通信。这种方式可以提高系统的并发处理能力,确保了低代码应用的流畅运行。
- 数据传递的缓存与重试机制:为了提高数据传递的效率和可靠性,可以引入缓存和重试机制。在低代码开发平台中,可以设置数据传递的缓存策略,将频繁使用的数据缓存起来,减少数据传递的时间。同时,设计重试机制,当数据传递失败时,自动进行重试,直到数据成功传递为止。这种机制可以提高系统的容错性,确保了数据的可靠性。

通过以上的数据传递流程设计,基于低代码开发平台的 AI 集成模块可以与低代码应用实现高效的数据交互。这种设计不仅确保了数据的一致性和安全性,还提高了系统的性能和稳定性,为低代码应用提供了强大的 AI 功能支持。

6.3 低代码应用集成 AI 服务案例

在低代码开发平台的应用中集成 AI 功能,可以增强应用的智能化和自动化能力,提供更出色的用户体验。但是要实现真正可靠、易用的 AI 集成,需要遵循流程规范。首先,最重要的是分析应用的业务需求,确定需要引入什么样的 AI 能力,比如语音交互、图像识别等。其次,选择一个技术成熟、性能优异的 AI 服务提供商,对其提供的语音识别、自然语言处理等算法进行评估测试,确保其可以满足集成需求。设计好数据接口也至关重要,需要定义好输入和输出的数据格式,编写必要的数据处理组件。在低代码开发平台中通过简单的图形化配置,即可将 AI

算法集成到应用的业务流程中。最后,测试优化是保证AI集成顺利完成的关键,需要对各个环节进行充分的功能测试、性能测试、用户体验测试,持续改进提升AI集成的质量。综上,要实现低代码应用的智能化,就需要按照明确需求、选择优秀算法、接口设计、可视化集成和精心测试优化等步骤,以保证AI功能模块的顺利对接和出色表现。这是一项系统工程,需要技术和业务双方通力配合才能取得成功。

某公司的创作平台旨在为用户提供图像创作的服务。在这个场景中,用户可能是来自各个领域的非专业设计师、内容创作者或普通用户,他们希望通过简单的描述来快速生成符合自己需求的图像。这是一个典型的使用低代码开发平台的场景,通过低代码工具,用户可以使用图形界面进行图像创作功能集成,而无需深入学习专业的图像处理技术。

(1)用户需求分析

用户需求分析在低代码应用集成AI模块的流程中是至关重要的一步。在该场景下,用户的需求是在低代码应用中集成计算机视觉AI领域的图像生成功能,用来根据描述进行图像艺术创作。为了满足用户需求,我们可以将用户需求分解为两个主要阶段:AI功能实现单元功能和用户界面单元功能。

①AI功能实现单元功能

- 图像生成算法选择和优化:在这个阶段,需要选择合适的计算机视觉AI算法,如生成对抗网络或变分自动编码器,用于图像生成。选择的算法应该能够根据用户的文本描述生成具有艺术性的图像。算法的性能和效果需要进行优化,以确保生成的图像质量高、与用户描述相匹配。

- 数据接口选择和优化:AI模块需要与低代码应用的数据接口进行集成,以便获取用户的文本描述信息。需要设计数据传输接口,以确保文本数据能够被AI算法正确解析。同时,也需要优化数据传输的效率,以保证系统的响应速度。

②用户界面单元功能

- 文本输入界面设计:用户需要一个友好的文本输入界面,在这里输入他们对艺术品的描述。界面应该简洁直观,同时具备必要的文本编辑功能,如字数限制、格式化等,以确保用户输入的描述准确清晰。

- 图像展示界面设计:生成的艺术图像需要以直观的方式呈现给用户。设计一个图像展示界面,确保生成的图像在各种屏幕上都能够良好地显示。用户可能需要选择不同的生成结果,因此界面上可能需要包含切换、放大、缩小等功能。

- 结果反馈与调整功能:用户可能希望对生成的图像进行调整。提供反馈和调整功能,如用户可以标记哪些部分他们满意,哪些部分需要改进。这些反馈信息可以被用于进一步优化 AI 算法,提高生成图像的准确性和满意度。

• 保存和分享功能:提供保存生成图像的功能,允许用户将满意的艺术品保存到本地设备。同时,用户还可能希望分享生成的艺术品,因此还需要提供分享到社交媒体或者发送邮件等功能。

通过以上用户需求分析,我们可以为低代码应用中的 AI 图像生成模块设计出相应的功能和界面,以满足用户的需求,提供良好的用户体验。这些功能将帮助用户实现简单描述即可生成艺术图像的目标,同时也为公司展示其在计算机视觉 AI 领域的技术实力提供了便捷途径。

(2)AI 服务选择与优化

在低代码应用集成 AI 模块的流程中,AI 服务选择与优化是至关重要的一步。在该场景下,用户的需求是在低代码应用中集成计算机视觉 AI 领域的图像生成功能,用来根据描述进行图像艺术创作。在选择合适的 AI 服务和优化模型参数时,需要考虑多个因素,包括算法性能、数据接口、计算资源、用户体验等。以下是详细阐述 AI 服务选择与 AI 模型参数优化的步骤。

①AI 服务选择

• 选择合适的计算机视觉 AI 服务提供商:需要选择一个可信赖的计算机视觉 AI 服务提供商,如 Google Cloud Vision、Microsoft Azure Computer Vision、AWS Rekognition 等。这些服务提供商通常提供了成熟的计算机视觉 API,可以用于图像生成、识别和分析等任务。

• 评估不同服务的性能和特性:比较不同计算机视觉 AI 服务的性能、准确度、速度和可用性。考虑服务的稳定性、可扩展性和灵活性。同时,了解服务提供商是否提供了预训练的图像生成模型以及是否支持自定义模型的部署。

• 考虑数据隐私和安全性:了解服务提供商的数据隐私政策和安全性措施,以确保用户的数据得到妥善保护。选择符合法规和标准的服务,以避免潜在的法律风险。

②AI 模型参数优化

• 模型选择与调优:如果服务提供商提供了多个图像生成模型,需要选择最适合用户需求的模型。同时,要考虑到模型的复杂度、生成效果和计算资源消耗。根据需求分析的结果,选择生成艺术图像的模型,如使用生成对抗网络。

• 参数调整和超参数优化:对于开放参数的模型,需要进行参数调整和超参数优化,以获得最佳的生成效果,可能涉及学习率、批次大小、迭代次数等参数的调优。可以使用自动化的超参数优化技术，如网格搜索、随机搜索或贝叶斯优化来找到最优的参数组合。

• 模型集成和迁移学习：如果用户需求复杂，可以考虑将多个模型进行集成，以提高生成图像的多样性和准确性。另外，可以考虑使用迁移学习的技术，将预训练的模型迁移到特定领域，以加速训练过程并提高模型的性能。

• 性能评估与反馈优化：集成 AI 模块后，需要进行性能评估。监测模型在实际应用中的表现，收集用户反馈，根据用户的意见和需求进行模型的进一步优化。这个过程是持续的，以确保模型在不断变化的需求下保持高质量的生成效果。

(3)数据接口选择

在低代码应用集成计算机视觉 AI 领域的图像生成功能时，设计有效的数据接口与转换是至关重要的，这有助于实现低代码开发平台与 AI 模型之间的无缝集成。

①数据接口选择

• 用户输入数据接口：在用户输入图像描述的阶段，需设计一个对用户友好的文本输入界面。用户可以通过该接口输入关于他们期望的艺术图像的描述。此描述可能包括颜色、形状、场景等信息。接口应该能够处理用户输入的文本，并将其传递给 AI 模型进行处理。

• AI 模型输入数据接口：确定 AI 模型的输入数据接口，以确保它与低代码开发平台中用户输入数据接口兼容。这可能涉及定义 API 端点或使用特定的数据传输格式。应考虑数据的有效性和安全性，确保输入数据能够被模型正确解析和处理。

• AI 模型输出数据接口：定义 AI 模型的输出数据接口，以接收来自模型的生成图像。这个接口需要与低代码开发平台中的图像展示界面兼容，以便将生成的图像直观地展示给用户。同样，应确保输出数据的格式与低代码开发平台的预期格式相匹配。

②数据转换

• 输入数据转换器：实现输入数据转换器，将用户输入的文本描述转换为 AI 模型可以理解的格式，这可能包括将文本编码为适当的嵌入向量或其他表示形式，应确保转换器能够处理各种类型的描述，使其适应模型的输入要求。

• 输出数据转换器：设计输出数据转换器，将模型生成的图像数据转换为适合在用户界面上展示的格式，包括图像的解码、标准化或其他必要的后处理步骤，以确保转换器能够处理各种尺寸和格式的图像,从而满足用户界面的需求。

- 数据类型兼容性:在设计转换器时,以确保输入和输出数据的类型兼容。考虑到低代码开发平台定义的常用数据结构,应确保数据在不同阶段的转换过程中不会丢失关键信息。

- 性能优化:优化数据转换器的性能,确保在实时应用中能够高效运行,包括使用异步处理、缓存技术或其他优化策略等,以减少潜在的延迟。

通过有效的数据接口选择和设计合理的数据转换器,可以确保低代码应用与AI模型之间的集成过程更加顺畅。这不仅使用户能够轻松地使用图像生成功能,同时也提高了系统的可扩展性和灵活性。

(4)用户界面配置

在低代码开发平台中集成计算机视觉AI领域的图像生成功能后,将AI输出结果有效地展示给用户是至关重要的一步。数据用户界面配置涉及将AI处理完的数据结构转换为用户期望的界面,以便用户能够直观地查看、编辑和与生成的图像进行交互。

①数据结构分析

- AI输出数据结构:分析AI模块输出的数据结构,了解其中包含的信息,如生成的图像数据、相关的元数据或其他附加信息。确定数据结构中与用户界面展示相关的字段。

- 用户期望的界面结构:了解用户对于展示图像生成结果的期望,确定用户期望在界面上看到的信息,包括图像展示、描述文本、可能的用户反馈按钮等。

②数据转换与映射

- 字段映射:将AI输出数据结构中的字段与用户期望的界面元素进行映射,如将AI生成的图像数据映射到图像展示区域,将描述文本映射到相应的文本框。

- 数据转换器设计:实现数据转换器,负责将AI输出数据结构转换为适合用户界面展示的数据格式,包括图像数据的解码、文本数据的格式化以及其他必要的处理步骤。

- 数据类型匹配:确保转换后的数据类型与用户界面组件的期望类型相匹配。考虑到低代码开发平台的定义和用户界面组件的特性,应确保数据能够正确地被用户界面元素处理和展示。

③用户界面配置

- 图像展示配置:配置用户界面上的图像展示区域,确保能够接收和展示转换后的图像数据。这可能涉及图像大小的调整、缩放或其他图像处理步骤。

• 文本展示配置：配置文本展示区域，以显示与 AI 输出相关的描述文本。根据用户期望，可能需要设计支持富文本格式的文本展示，以提高信息呈现的灵活性。

• 用户反馈按钮配置：如果用户期望能够对生成的图像进行反馈或调整，则应配置相应的用户反馈按钮，包括标记满意或不满意、提供评论等功能，根据用户反馈信息进行后续的优化。

• 界面元素布局：配置用户界面的整体布局，以确保各个元素之间的关系和排列符合用户的直觉，提高用户体验。

④用户交互与体验

• 交互性设计：考虑用户与界面的交互方式，确保用户能够轻松地与生成的图像进行互动，包括拖放、缩放、旋转等交互功能。

• 实时更新：如果用户期望实时地看到图像生成结果，则应配置界面元素以支持实时更新，这可能涉及自动刷新机制或其他实时数据同步的策略。

• 用户反馈集成：集成用户反馈按钮与生成图像的关联，确保用户的反馈能够直接反映在 AI 模型的进一步优化中。

通过有效的数据结构分析、映射和转换以及合理的用户界面配置，可以实现从 AI 输出数据到用户期望的展示界面的顺畅过渡。这不仅提高了用户对生成图像的理解度和满意度，同时也增强了低代码开发平台集成 AI 模块的整体效果。图 6.6 展示了一个案例参考界面。

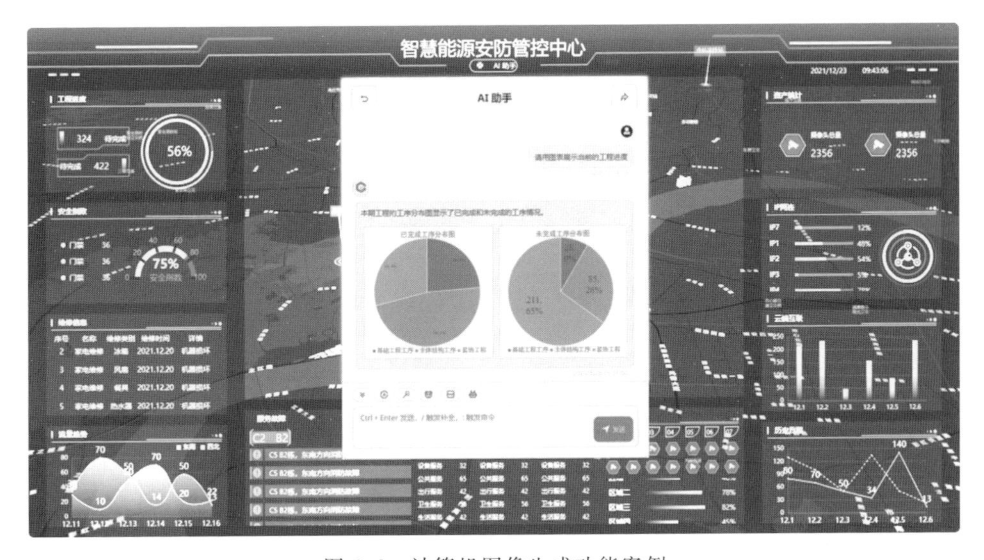

图 6.6　计算机图像生成功能案例

第7章　低代码＋AI模式的前景与展望

7.1　低代码＋AI 模式的技术发展趋势

在数字化时代的浪潮中，低代码开发平台与人工智能技术的密切结合正呈现出引人瞩目的发展趋势。本节将深入研究其中的关键动态，揭示随着技术的演进，智能化软件开发正日益成为引领创新的重要力量。

随着低代码开发平台与AI技术的深度融合，一些关键发展表现如下。

①随着低代码开发平台与AI技术的结合，AI服务将覆盖诸如自然语言处理、计算机视觉、语音合成等通用能力，同时也会包含专业领域的智能能力。用户只需进行简单的配置和拖放操作，就可以使用这些内置AI服务，实现语音交互、图像识别等高级功能，从而大幅降低了接入门槛。

通过将AI能力作为服务或组件提供，低代码开发平台将AI的使用将变得更加简单和便捷。用户无需深入了解AI算法和实现细节，只需在可视化界面上进行简单的操作，就能够调用AI能力来实现复杂的功能。例如，用户可以使用自然语言处理组件来实现对用户输入的语句进行解析和理解，然后根据解析结果执行相应的操作。这样一来，即使是没有编程经验的用户，也能够轻松地实现语音交互功能。

低代码开发平台还会提供一系列的预置组件，这些组件已经集成了AI能力，用户只需将其拖放到工作区中即可使用。这些预置组件可以包括文本分析、图像处理、语音合成等功能，用户可以根据自己的需求选择适合的组件进行使用。这种方式不仅简化了开发过程，还提高了开发效率，节省了开发人员的时间和精力。

毋庸置疑，低代码开发平台未来也会内置越来越多垂直领域的专用AI能力。这类能力将会针对特定行业需求进行训练，如医疗诊断、金融反欺诈、工业优化等。这类能力门槛较高,平台封装后可以大幅降低使用难度。低代码开发平台可集成的部分 AI 组件见图 7.1。

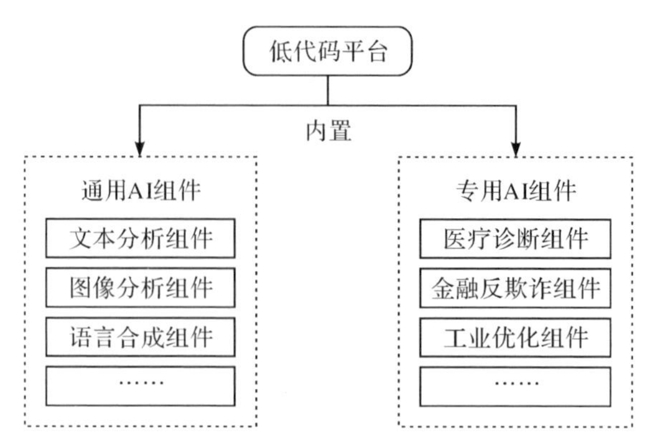

图 7.1 低代码可集成的 AI 组件分布

②随着大模型和深度学习技术的进步,AI 在语义理解方面取得了巨大的突破。这使 AI 能够更好地分析用户需求中的抽象意图,并将其转换为更完整、严谨的功能代码,而不仅仅是简单地应对字面需求的直接转换。

在过去,低代码开发平台主要依赖于规则引擎和基本的自然语言处理技术来理解用户需求。这种方法往往只能处理一些简单的需求,而对于复杂的抽象意图,则理解能力有限。但是,随着大模型和深度学习技术的兴起,AI 可以通过训练大规模的语言模型,从海量的文本数据中学习到更丰富的语义知识。

通过深度学习技术,AI 可以更好地理解用户需求,包括上下文信息、语义关联和隐含意义。例如,当用户表达了一个模糊的需求时,AI 可以通过分析上下文信息和语义关联,推断出用户的真实意图,并生成相应的低代码程序。AI 不仅可以满足用户的表面需求,还可以更好地理解用户的背后意图,以提供更全面、准确的功能代码。

除此之外,AI 还可以通过补全代码的方式来提供更完整、严谨的功能。当用户提供了部分需求或代码时,AI 可以根据语义理解能力,自动补全缺失的代码部分,使得生成的低代码程序更加完整和可靠。传统低代码开发平台和集成 AI 的低代码开发平台的对比总结见图 7.2。

③随着低代码开发平台与 AI 技术的结合,低代码开发平台将不断扩充其组件库,为 AI 提供更丰富的创作材料。这些新增组件可以包括针对 3D/AR 呈现的组件和实时数据处理的组件等。这样,AI 生成的低代码程序就可以承载更丰富的创意,而不只是局限在简单的业务逻辑上。

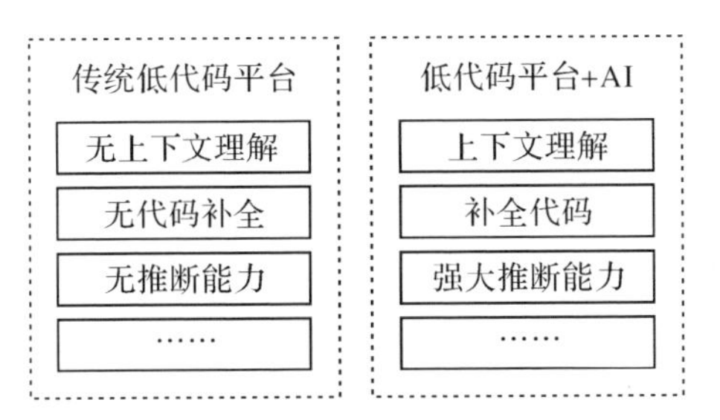

图7.2 传统和集成AI的低代码开发平台对比

新增针对AI赋能的3D/AR呈现的组件可以使低代码开发平台在虚拟现实和增强现实领域发挥更大的作用。例如，开发人员可以利用这些组件创建交互式的虚拟场景，实现虚拟现实体验。这些组件可以提供多种功能，如模型加载、动画控制、碰撞检测等，使开发人员能够更轻松地构建逼真的虚拟场景。

新增的AI增强的实时数据处理组件可以帮助开发人员处理实时生成的数据流。例如，在物联网应用中，设备可以实时收集和传输数据，开发人员可以使用这些组件来处理和分析这些数据。这些组件可以提供各种功能，如数据过滤、聚合、转换等，使开发人员能够更方便地实现实时数据处理功能。

通过这些新增的组件，AI生成的低代码程序还可以承载更丰富的创意。开发人员可以利用这些组件创建复杂的交互式应用程序，以满足用户对于用户界面和功能的更高要求。例如，在游戏开发领域，开发人员可以利用AI赋能并使用3D/AR呈现的组件创建逼真的游戏场景。

此外，这些新增组件也可以促进低代码开发平台与其他技术的集成。例如，开发人员可以将3D/AR呈现的组件与机器学习算法相结合，实现基于计算机视觉的虚拟现实应用。开发人员也可以将实时数据处理的组件与大数据技术结合，实现实时数据分析和预测。AI增强低代码组件的示意如图7.3所示。

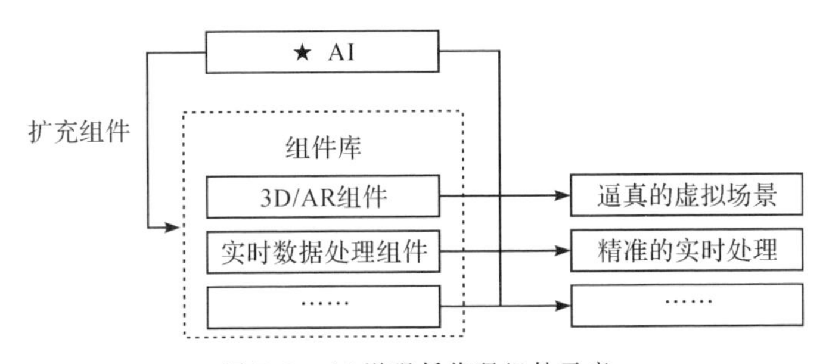

图7.3 AI增强低代码组件示意

④AI对软件工程化的理解不断提高，可以生成符合规范、可维护的低代码程序。这是AI通过学习大量高质量的代码案例、理解工程化编程模式以及通过强化学习获得人工反馈来实现的。这一能力正好准确、切实地增强了低代码开发平台的二次开发能力。

首先，AI可以通过分析和学习大量高质量的代码案例来理解软件工程化的规范和最佳实践。这些案例可以包括开源项目、行业标准代码库以及经验丰富的开发人员的代码作品。通过对这些代码进行深度学习和模式识别，AI可以学习到常见的设计模式、代码结构和编程规范，并将这些知识应用于生成低代码程序，同时也可以在相当程度上帮助使用低代码开发平台的业务开发人员使用平台的二次开发。

其次，AI可以通过理解工程化编程模式来生成符合规范的低代码程序。工程化编程模式强调代码的可读性、可维护性和可扩展性，包括良好的模块化、清晰的接口设计和合理的代码组织结构等。AI可以通过深度学习和模式匹配来识别这些编程模式，并将其应用于生成的低代码程序中，从而确保生成的代码符合工程化要求。这就确保了低代码开发平台的生成代码和低代码开发平台二次开发代码中的代码健壮性和可维护性。

此外，AI还可以通过强化学习来获得人工反馈，以进一步优化生成代码的质量。在生成代码的过程中，AI可以与开发人员进行交互，接受开发人员的评价和建议，并根据反馈不断调整和改进生成的代码。这种反馈机制可以帮助AI逐步改进自身的代码生成能力，使生成的代码质量不断提高。其核心原理见图7.4。

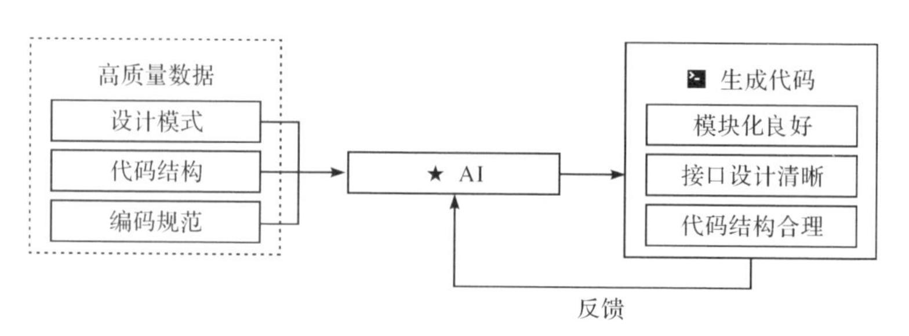

图7.4　AI增强低代码质量示意

⑤低代码开发平台在未来也会坚实地完善自动化测试代码生成的功能，以确保AI生成的低代码程序经过全方位的测试和质量验证。

自动化测试代码生成是指利用AI技术生成测试代码的过程，以验证生成的低代码程序的功能、性能和安全性。这种方法可以大大减少手动编写测试代码的工作量，并提高测试的覆盖率和效率。

在未来，低代码开发平台将实现可针对AI生成结果的全方位测试，包括功能测试、性能测试和安全测试等。功能测试旨在验证生成的低代码程序是否按预期执行，并是否符合用户需求。性能测试用于评估程序的响应时间、资源利用率等性能指标。安全测试则是确保生成的代码在安全方面没有漏洞或风险。

为了实现全方位的测试，低代码开发平台将结合 AI 技术和传统的软件测试方法。AI 技术可以分析代码的结构和逻辑，生成相应的测试用例和测试代码。同时，传统的软件测试方法，如单元测试、集成测试和系统测试等，也会被应用到生成的低代码程序中。

为了保证测试的有效性和准确性，低代码开发平台还会考虑以下几个方面。

- 数据生成和模拟：生成测试数据是测试的重要环节。低代码开发平台可以利用 AI 技术生成各种类型的测试数据，以覆盖不同的测试场景和边界条件。此外，还可以使用模拟工具模拟真实环境下的数据和交互。

- 自动化测试工具集成：低代码开发平台可以集成各种自动化测试工具，如 Selenium、Junit 等，以实现自动化测试的目标。这些工具可以自动执行测试用例，并生成测试报告和日志，方便开发人员和测试人员进行分析和排查问题。

- 安全性测试工具集成：为了确保生成的低代码程序的安全性，低代码开发平台可以集成各种安全性测试工具，如静态代码分析工具、漏洞扫描工具等。这些工具可以检测代码中的潜在安全漏洞，并提供相应的修复建议。

- 自动化测试流水线：为了实现持续集成和持续交付，低代码开发平台可以建立自动化测试流水线。这个流水线可以将自动化测试与代码生成和部署过程相结合，实现自动化的测试和验证。

低代码和人工智能技术作为两股强大的创新力量，都在以令人瞩目的速度迅猛发展。它们的融合不仅是一场技术上的突破，更是一场引领未来软件开发的变革。低代码开发平台的崛起为开发者提供了简单、高效的开发方式，而人工智能技术的不断演进则为软件赋予了更为智能、自适应的特性。两者的融合宛如引擎和燃料的完美结合，不仅会促进双方各自的发展与进步，还会释放出 1＋1＞2 的强大合力。AI 增强低代码测试原理见图 7.5。

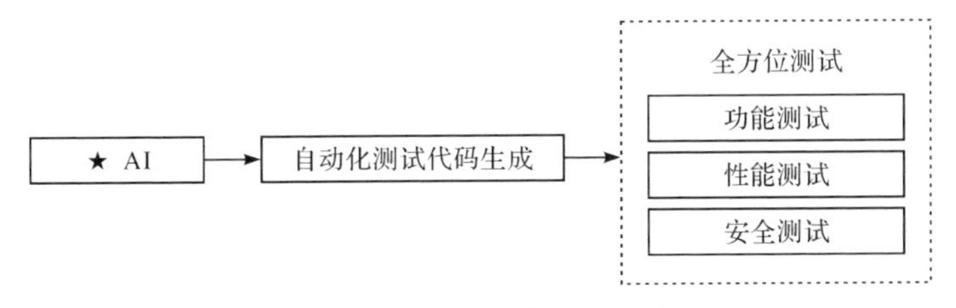

图 7.5　AI 增强低代码测试原理

两者合力的最终目标是实现软件自动生成技术的突破。通过低代码开发平台与AI技术的深度融合,我们可以期待在软件开发的全过程迎来更为智能的辅助,从需求分析、代码生成到测试和部署,每个环节都将得到更为精准、高效的支持。这意味着开发者能够更专注于创意的发掘和业务逻辑的构建,而将烦琐的、重复性的工作全部交由智能化系统来完成。这样的变革将不仅提高开发效率,还有望降低错误率,从而推动软件开发领域迈向全新的高度。

7.2 低代码+AI模式的商业应用前景

低代码与人工智能的完美结合不仅为企业带来了巨大的优势,也为个人开发者、中小企业和传统企业等带来了前所未有的机遇和创新空间。本节将深入探讨低代码+AI模式在不同层面的影响,从创业公司到传统企业,以及个人开发者和中小企业,每一个领域都因此迎来了哪些全新的发展时机。

低代码+AI模式为企业带来了极大的优势,使其能够以更低的成本迅速实现创意,并显著提升产品迭代更新速度。这不仅有助于企业更灵活地应对市场需求的变化,还为其在激烈的竞争环境中赢得先机。对于个人开发者而言,低代码+AI模式开启了全新的机遇和创新空间。相较于传统的软件开发过程,开发者现在无需拥有深厚的编程知识,便能在更短的时间内实现自己的创意,从而推动个体创新的蓬勃发展。中小企业在这一模式下同样受益匪浅,能够轻松实现定制化的业务需求,摆脱了传统复杂开发的限制,大幅提升了竞争力。与此同时,传统企业也迎来了数字化转型的最佳时机,通过低代码+AI技术的快速应用,能够迅速适应日新月异的数字经济形势,进而实现升级改造。创业公司也从中受益颇深,其因低代码+AI模式享有许多独特的机遇和优势,使其能以最低的成本快速实践商业想法,以最小的资本实现创业愿景。

在这个新时代,低代码与人工智能的共谱华章,为多个领域带来了全新的发展可能性,助力各类企业和创新者在数字化的舞台上展翅翱翔。

①低代码+AI模式可以为企业带来极大的优势,帮助企业以极低的成本快速实现创意并大幅提升产品迭代更新速度。具体来说,企业可以利用低代码开发平台结合AI技术,实现以下流程。

- 创意表达:产品经理可以使用语音或其他方式将新功能的创意表达出来。同时,非技术人员也可以轻松参与产品开发的过程中,不再需要深入地学习编程知识。

• 可视化搭建：低代码开发平台提供了可视化的界面和组件库，产品经理可以直接在界面上进行拖放和配置，快速搭建出产品的原型。这样可以省去手动编写代码的烦琐过程，大大缩短了开发周期。

• AI 辅助：低代码开发平台可以集成 AI 技术，帮助产品经理更好地理解和实现创意。例如，平台可以根据语音输入自动生成相应的代码，快速输出产品原型。这样可以进一步提高开发效率。

• 快速调试和完善：开发人员可以基于产品经理搭建的原型进行快速调试和完善。由于低代码开发平台提供了可视化的界面和组件库，开发人员可以直接对界面进行操作和调试，整个调试和完善的过程可以在几天内完成，大大缩短了产品迭代的周期。

• 上线发布：一旦开发人员完成了调试和完善工作，产品就可以直接上线发布。鉴于低代码开发平台的特性，整个上线发布的过程也会更加简化和快速。

通过低代码＋AI 模式，企业可以在几天内完成以往需要数月才能完成的产品开发过程。这将极大地提高产品迭代更新的速度，使企业能够更快地响应市场需求，抢占先机，提升竞争力。

②低代码＋AI 模式为广大个人开发者带来了巨大的机遇和创新空间。在传统的软件开发过程中，开发者通常需要具备深厚的编程知识和技能，并投入大量的时间和精力来实现自己的创意。然而，低代码＋AI 模式的出现改变了这一格局，使得个人开发者能够更轻松地实现自己的创意，并在市场上获得成功。

低代码开发平台提供了直观的可视化界面和简化的编程模型，使开发者无需深入学习复杂的编程语言和技术细节，就能够快速搭建应用的原型。开发者可以通过拖放组件、连接数据源和配置交互逻辑，迅速将自己的创意转化为可视化的应用界面。这种可视化的开发方式不仅提高了开发效率，也降低了技术门槛，使更多的个人开发者能够参与到创新的过程中。

低代码开发平台结合了 AI 技术之后，为开发者提供了更多的创新可能性。AI 技术可以用于各个应用领域，如自然语言处理、图像识别、推荐系统等。开发者可以利用低代码开发平台提供的 AI 组件和功能，快速集成 AI 技术到自己的应用中，以实现更智能化的功能和体验。

另外，低代码开发平台的普及也催生了个人开发者数量的爆炸式增长。传统的软件开发过程需要较高的技术门槛和资源投入，限制了开发者的数量和规模。而低代码开发平台的出现使更多的人能够参与到应用开发中，无论是专业开发者还是非专业开发者，这种开放式的创新环境将催生新的应用和经济形式，为开发者提供更为广阔的商业机会。

③中小企业依托低代码＋AI 技术，可以轻松实现定制化业务需求，不再受复杂开发限制，极大地提升了竞争力。传统的软件开发通常需要大量的编码和开发工作，对于中小企业来说，这可能是一项成本昂贵和耗时的任务。然而，通过低代码开发平台结合 AI 技术，中小企业可以使用可视化界面和自动化的编程模型来快速构建应用程序。

低代码开发平台结合 AI 技术提供了许多功能和工具，使中小企业能够快速定制应用程序以满足不同客户的需求。这些平台通常提供了大量的预置组件和模板，使开发人员可以轻松地创建各种功能模块，如数据管理、用户界面、工作流程等。通过拖放和配置这些组件，中小企业可以快速构建适应不同客户需求的定制化应用程序。

低代码＋AI 模式还提供了自动化代码生成的功能，即可以根据用户的需求自动生成相应的代码。这种自动化代码生成的能力极大地提高了开发效率，减少了手动编写代码的工作量。中小企业可以通过这种方式快速开发出高质量的应用程序，为客户提供定制化的解决方案。

低代码＋AI 模式的开发还可以帮助中小企业在客户工程化方面进行创新。传统的软件开发往往需要大量的重复工作，因为每个客户的需求都可能有所不同。然而，通过低代码开发平台，中小企业可以根据不同客户的需求快速定制应用程序。这种定制化的能力使中小企业能够更好地满足客户的需求，提供个性化的解决方案，从而提升竞争力。

④传统企业应采用低代码＋AI 快速实现数字化转型升级，以应对日新月异的数字经济形势。这样可以使界面的创新、功能模块的组合适应多变的商业模式，并利用 AI 赋能实现运营和决策的智能化，大幅提升效率。低代码＋AI 的组合切实地为传统企业带来了许多数字化转型和升级的机会。

传统企业通常面临着烦琐的开发流程和复杂的技术要求，而低代码＋AI 通过可视化搭建和预置组件的方式，大大降低了开发的门槛，快速生成各种应用软件，以适应不断变化的商业模式和市场需求。除此之外，AI 技术的应用可以赋能企业的运营和决策，实现智能化，并大幅提升效率。传统企业通常需要大量的人力和时间进行运营和决策，而 AI 技术可以自动化和智能化这些过程。例如，企业可以利用 AI 技术进行数据分析和预测，帮助企业做出更准确的决策。同时，AI 技术还可以应用于自动化流程、智能客服和智能推荐等方面，进一步提升企业的效率和用户体验。

低代码＋AI 的组合可以帮助传统企业快速实现数字化转型。数字经济形势日新月异，传统企业需要适应快速变化的市场需求和商业模式。低代码开发平台提供了灵活的系统设计和快速迭代的能力，使得企业可以快速响应市场变化，并进行数字化转型。同时，AI技术的应用可以帮助企业实现运营和决策的智能化，提高企业的竞争力和创新能力。

⑤低代码＋AI模式为创业公司带来了许多机遇和优势，使公司能够以最低的成本快速实践商业想法，并以最小的资本实现创业。

首先，在传统的创业过程中，创业公司通常需要投入大量的时间和金钱来开发原型应用，并进行市场测试和反馈收集。然而，低代码＋AI模式的出现改变了这一模式，它为创业公司提供了一种更加快速、高效和经济的创业方式。低代码开发平台通过提供可视化界面和简化的编程模型，使开发者能够以非常低的技术门槛快速搭建原型应用。这种可视化的开发方式大大降低了技术要求，使更多的开发者能够参与到创业过程中。

其次，AI技术的应用为创业公司带来了更多的创新和竞争优势。低代码开发平台通常集成了各种AI功能和算法，如图像识别、自然语言处理和机器学习等。创业团队可以利用这些AI功能来增强应用的智能化和自动化能力，提供更好的用户体验和解决方案。例如，他们可以利用图像识别技术开发出具有智能搜索和识别功能的应用，或者利用机器学习算法进行数据分析和预测。

再次，更为重要的是，低代码＋AI模式还可以帮助创业公司更好地应对市场变化和用户需求。创业团队可以快速构建原型应用，并将其推向市场进行测试和反馈收集。根据市场反馈，他们可以迅速调整和改进应用，以更好地满足用户需求。这种敏捷的开发和迭代过程使创业公司能够更快地适应市场变化，提高产品的竞争力，使创业公司可以从其他未使用"低代码＋AI模式"的创业公司中脱颖而出。

最后，低代码＋AI模式还可以帮助创业公司降低成本和风险。在传统的创业过程中，创业公司通常需要投入大量的资金和资源来开发原型应用，并进行市场推广和用户获取。然而，低代码＋AI模式的出现使创业公司能够以较低的成本快速构建和测试原型应用，降低了创业的风险和资金需求。创业团队可以先通过低代码开发平台开发出原型应用，然后根据市场反馈和用户需求逐步演进和完善。

综合考察低代码＋AI模式在不同层面的影响，不难得出以下结论：这一融合模式为企业、个人开发者、中小企业、传统企业和创业公司带来了全方位的优势与机遇。对于企业而言，低代码＋AI模式成为一把强大的利剑，以低成本快速实现创意并大幅提升产品迭代更新速度，助力企业在市场竞争中占得先机。对于个人开发者来说，这一模式开创了全新的机遇和创新空间，摆脱了传统软件开发对深厚编程知识和时间投入的限制，使个体创新得以更为迅速和高效地实现。中小企业则可凭借低代码＋AI技术实现了轻松定制化业务需求的突破，摆脱了复杂开发的束缚，从而在激烈市场竞争中大幅提升了竞争力。传统企业应用低代码＋AI迅速实现数字化转型升级，为应对日新月异的数字经济形势提供了强有力的工具和战略支持。而对于创业公司而言，低代码＋AI模式为其带来了独特的机遇和优势，使得以最低的成本快速实践商业想法成为可能，实现创业愿景的难度大大降低。

代码＋AI模式的崛起不仅仅是技术创新的结果，更是推动整个商业生态向更为智能、高效的方向迈进的关键推动力。这一趋势势必引领着企业和创新者走向更加数字化、智能化的未来。对低代码＋AI商业前景的总结见图7.6。

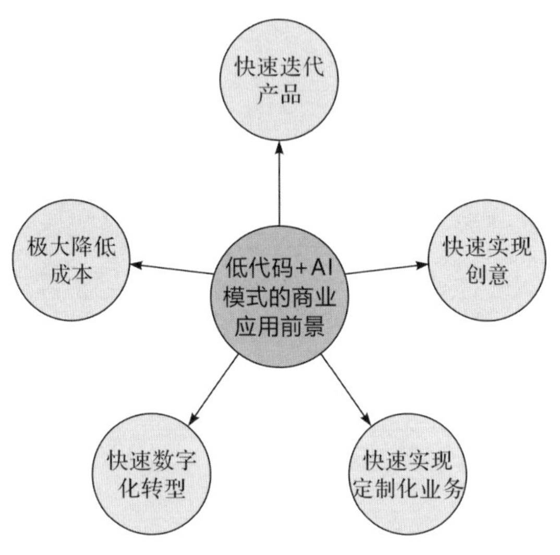

图7.6　低代码＋AI模式的商业前景

7.3　低代码＋AI模式的社会影响

低代码＋AI模式带来的不仅仅是技术变革，更是一场推动全民创新参与的变革。目前，软件的渗透已经扩展到了各行各业，推动了产业数字化转型，为社会各层面带来了更智能、高效的解决方案。这一变革不仅局限于特定领域，更是广泛惠及社会各阶层，为构建数字化社会奠定了更加平等、开放的基础。在这个变革的时代，我们将共同迎接更数字化、智能化的未来。低代码＋AI模式的社会影响具体体现如下。

①全民参与软件创作：低代码开发平台的出现使得普通民众无需专业编程技能，也能参与软件应用的创作。这意味着软件开发的门槛被降低，更多的人可以利用简单易用的工具实现自己的创意。

②小团队和个人开发者的崛起：低代码＋AI模式的出现将大幅增加小团队和个人开发者的数量。传统上，软件创新主要由大企业主导，而现在，普通人的创意也很容易被实现。低代码开发平台使得开发者总量呈现爆炸式增长，这将催生更多奇思妙想和创新。

③极大地降低软件开发成本：低代码＋AI模式将彻底改变软件开发的成本结构。传统上，创意的实现通常需要大量的人力和资金投入，但现在，通过低代码开发平台，开发成本大幅降低。这意味着社会的创新成本将降低，人们更容易将自己的想法变为现实。这种低成本的创新环境将激发更多创业活动和创新实践。

④软件渗透各行各业：低代码＋AI模式将推动软件在各行各业的广泛应用。传统企业将更容易实现数字化转型，大数据、人工智能等技术也更容易融入多个领域，从而带来产业升级和社会生产效率的指数级增长。低代码＋AI模式将加速传统行业的数字化进程，推动整个社会的科技进步。

⑤广泛惠及社会各阶层：低代码＋AI模式使得软件开发成果更广泛地惠及各个社会阶层。普通民众通过低成本的方式也可以参与创造，中小企业也可以实现定制化的数字化转型。软件创新的成果将被更充分地共享，以促进社会的进步和公平。这将加速知识民主化的进程，释放更多群众的创造力，继而推动社会变革。

低代码＋AI模式将加速软件开发的独立化和普及化，从而释放出更多的创造力和创新潜力。随着这一模式的深入应用，我们可以期待看到一个更加开放和包容的创新生态正在形成。低代码＋AI模式的社会影响总结见图7.7。

这一趋势将使软件开发不再是少数专业人士的专属领域，而是一个可全民参与的创意舞台。通过降低技术门槛，更多的人能够参与软件创作，而不再受制于复杂的编程技能。这将释放出广泛的创造力，让更多的想法和创新得以涌现，从而推动整个社会创新的步伐。

更重要的是，低代码＋AI模式的推广有望缩小发达国家和发展中国家之间软件创新方面的差距。传统的软件开发通常需要大量的专业知识和资源，而这一模式的普及将使发展中国家能够更加迅速地参与全球数字化竞争。这将促使软件创新的平衡发展，使全球在数字领域更加公平。

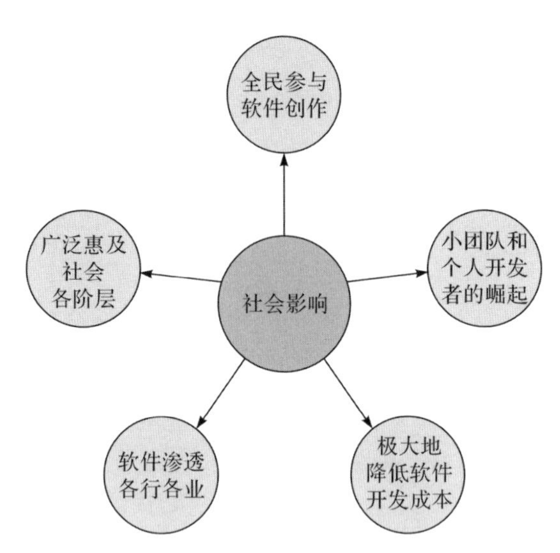

图 7.7 低代码＋AI 模式的社会影响

低代码＋AI 模式的前景不仅仅是技术的进步，更是社会的演变。通过释放更多的创造力和创新潜力，我们有望看到一个更加包容、平等的数字社会的崛起。这一趋势将激发全球创新的潜能，为未来的数字时代描绘出更为光明、公平的画卷。

索　引